九大思考

重新审视我们的世界

[德] 玛雅·格佩尔（Maja Göpel） 著
王婀娜　译

中国出版集团
中 译 出 版 社

图书在版编目（CIP）数据

九大思考：重新审视我们的世界 /（德）玛雅·格佩尔（Maja Goepel）著；王婀娜译．-- 北京：中译出版社，2022.6（2023.1 重印）
ISBN 978-7-5001-7082-2

Ⅰ.①九… Ⅱ.①玛… ②王… Ⅲ.①可持续性发展—研究 Ⅳ.①X22

中国版本图书馆 CIP 数据核字（2022）第 090953 号

九大思考：重新审视我们的世界
JIU DA SIKAO: CHONGXIN SHENSHI WOMEN DE SHIJIE

出版发行　中译出版社
地　　址　北京市西城区新街口外大街 28 号普天德胜大厦主楼 4 层
电　　话　(010) 68005858，68358224（编辑部）
传　　真　(010) 68357870
邮　　编　100088
电子邮箱　book@ctph.com.cn
网　　址　http: // www.ctph.com.cn

策划编辑　范　伟
责任编辑　赵子涵　范　伟
营销编辑　曾　頔　陈倩楠
版权支持　马燕琦　王立萌
封面设计　仙境设计

排　　版　北京竹页文化传媒有限公司
印　　刷　北京中科印刷有限公司
经　　销　新华书店

规　　格　880 毫米 ×1230 毫米　1/32
印　　张　6.5
字　　数　120 千字
版　　次　2022 年 6 月第 1 版
印　　次　2023 年 1 月第 2 次

ISBN 978-7-5001-7082-2　定价：59.00 元

致我出色的女儿们——朱娜和约瑟芬娜

目 录

序　言

一个邀请

20世纪中叶，人类首次看到他们所处的星球在浩瀚宇宙中的模样。也许未来的历史学家会认识到，相较于16世纪推翻了“地心说”的、震撼了人类思想的哥白尼革命，“看到了地球的模样”对人类意识的改变更为深刻。

——摘自联合国世界环境与发展委员会发布的《布伦特兰报告》

2019 年 10 月，在伦敦地铁的早高峰时期，两名男子爬上地铁列车车顶，试图阻止列车离站，无数搭乘地铁上班的通勤者们被关在车门紧闭的车厢内。很快，意外情况导致整个地铁系统瘫痪，拥挤的站台上人声嘈杂。当人们在愤怒中逐渐意识到他们将无法准时上班时，车顶上的两名男子展开了一条横幅，上面写着："照常上班 = 死亡"。

对上班族而言，一切照旧便意味着去办公室或者工厂，意味着端坐在电脑前工作、参加会议、在机器前生产产品或者订购。这么做是为了增加营业额和利润，为了促进增长，为了保证自己不丢掉这份工作，为了养活自己，为了支付房租、偿还贷款、给孩子和自己买东西。简而言之：就是如同你我一样继续在我们生命的长河中前行，就如同你我所熟知和所习惯的那样。

可是，一切照旧又有什么错呢，我们甚至还要把它和死亡画上等号？

这两名站在伦敦秋日地铁列车车顶的男人来自一个名为“反抗灭绝（Extinction Rebellion）[①]”的环保运动组织。他们抗议的不仅仅是那些因人类追求高速增长而导致的动物物种的灭绝，也不仅仅是鲸鱼、蜜蜂或北极熊的灭绝。不带任何讽刺意味，他们所抗议的是人类自身的灭绝，也就是我们自己的灭绝。

不同于那位来自瑞典的，曾以一场罢课行动引发了人类历史上最激烈的抗议运动之一的名为格蕾塔·桑伯格（Greta Thunberg）的少女，“反抗灭绝”组织的成员来自气候和环境保护者中的民间抗议群体。他们要求政治家们最终对全球变暖采取持续措施，并为此提出具体建议。除了示威游行以外，他们还会妨碍公共秩序。成员们往往身着五颜六色的衣服，并始终秉承保持友好态度的基本原则。就在前面提到的伦敦的那个秋日，数百名反抗者封锁了街道，他们或是把自己用链条锁在桥上，或是用胶水把自己的身体粘贴在机场大厅入口的地板上。他们试图在不使用暴力的情况下，让尽可能多的人们感知到，生活秩序被扰乱意味着什么，因为他们认为导致气候变化和物种急速灭亡的真正原因在于：我们习以为常的日常生活。

那天早上无法上车的人们恼怒地将三明治和饮料抛向

① 此处仅为再现民众以和平方式进行的不服从政府倡议的抗议形式。我对英国此次运动的组织者们的个别言论持保留态度。

这两个示威者。当这一切都无济于事时，一名通勤者终于爬上车顶，将两人拉扯到站台上，他们被愤怒的人群殴打，直至警察介入并将其逮捕。

这场对抗不是为了争夺一块填饱肚子的面包，一口解渴的干净的水，一个替我们挡住风寒的屋顶，或是载我们走完一段路的最后一升汽油。这仅仅是因为在上班的路上被耽搁了几分钟而已。有些人想拯救世界，有些人想去办公室，有些人想打破习惯，有些人则想墨守成规。虽然我们必须承认，对抗的双方群体在内心深处都关心着他们和他们后代的生计，似乎要将他人的关切排除在外，似乎只有一方认输才能使另一方获胜。只有非此即彼，只有“我们”或是“他们”。

而这难道就是气候变化时代下未来世界的模样吗？

这将会是我们的生活吗？将会是我们所要进行的抗争吗？

在我们今天的世界，那些看起来已经可靠地运转了几十年，日复一日地为人类提供能源、食物、医药和安全的系统，却几乎同时地、无一幸免地饱受着压力。他们塑造了一个从大体上说，产出愈发繁盛的时代，这包括：甚至穷人也从中获益的富足、在科学技术的所有领域里所取得的进步、在政治体制即使截然不同的国家之间所维系的和平。当一切都变得越来越多时，分配问题便无足轻重了。我们对这个时代有朝一日可能会终结而感到惊讶，我们仅仅因为想到这一点就产生抵触，并且我们也对此后可能发生的事感到束手无策。这些情况的发生都表明，我们已经对这些状态习以为常了。在父母那一代还被认为是特权的东西，如今却已成为大多数人的日常。

而同时我们却也发觉，“一切照旧”是行不通的。

我们所要为之抗争的不仅仅是气候变化问题、海洋中的塑料、燃烧的雨林或工厂化养殖，还有城市中爆炸性上涨的租金、疯狂扩张的金融市场、不断加大的贫富差距、不断增长的让人产生职业倦怠感的数字，以及基因工程和数字化带来的我们无法控制的复杂后果。一种时代变迁的感觉早已悄然潜入我们对世界的认知中。我们的当下似乎很脆弱，而我们的未来也仿佛正在不可避免地走向我们所熟悉的末日电影中的场景。现代主义所推崇的乌托邦已然变成了反乌托邦。人们对未来的信任已然变成了担忧和恐惧。在全球范围内，对一小部分群体而言，为他们面对大自然的抗争提供良好解决方案的保障和对他们高品质生活的保障逐步累积，到头来这种保障却变成了一种威胁。我们预感到自己正面临着巨大的变革：用不久之前发生的事情和经验来解释未来某一天会发生的事情的可能性越来越小，理所应当发生的事情和一劳永逸的办法不复存在了。对一个问题的解答似乎同时会令另一个问题变得更加棘手，从而导致关于哪一个问题才是当务之急的争论也在不断增多。如果我们能在其中寻得一种措施来同时解决一连串问题，会怎样呢？尽管在这种平衡中，我们会对许多的确定性提出质疑，但至少这种措施可以让我们积极主动地塑造一个理想的未来，而不是被动地防止一个糟糕的未来发生。

我邀请你一起找寻这样的解决方案。因为未来绝非是从天而降的，也没有什么事情是说发生就发生的。在许多方面，未来都是我们决策的结果。

因此，我想邀请你更为仔细地审视这个包括你、我、我们所有人生活在其中的世界，重新思考置身于这个世界中的可能性。人类在历史上曾有过多次这样的尝试，尤其是在面临危机的时期。众多技术上的突破都是出于寻找资源替代品的需要而出现的，就如同现在对可再生能源的使用。许多的社会变革也都是由于人们坚信事情可以以不同方式进行而发生的。比如我们看到，妇女也可以参与国家首脑的投票选举和治理国家。

当今的变革规模不单只局限于社会生活的局部，而是囊括了整个社会领域。科学上称其为重大变革，包括经济、政治、社会和文化进程，这些也包括我们看待世界的方式。举个例子，新石器革命过了很久之后才出现工业革命。在新石器时代中，小规模的游牧群体定居下来，并随着时间的推移发展成为封建的农业社会。在工业革命中，化石能源的使用彻底改变了经济和社会的组织方式，资产阶级和民族国家开始走进历史舞台。

今天的世界与 250 年前工业革命开始时的世界有着本质区别。然而今天，我们还是主要在以当时看待世界的方式来寻找解决方案。我们忘记了检验自己的思维模式是否合乎时宜。探究我们的思考方式可以让我们的视野更为宽广，摆脱危机，塑造 21 世纪的未来。

所以这不是一本探讨气候的书，也不是探讨地球平均温度将在未来几年上升多少度，以及它随之会对我们星球上的生命带来什么结果的书。这本书中没有报道冰原融化、海平面持续上升的现象，也没有描述那些因洪水泛滥、沙漠掩盖或反复遭受毁灭性风暴袭击而荒无人烟的土地，没有提到自恐龙灭绝以来最大的物种灭绝、海洋酸化、缺水、饥荒、流行病和难民潮，也没有提及世界各地的科学家们几十年来一直在警告的其他无数灾难。事实上，这些灾难的到来往往比预想中要快得多，其所引发的灾害程度不断地呈现出新的局面。

我不是气候科学家。我是一名社会学家，我的主要兴趣是政治经济学。我着眼于人们开展经济活动和共同生活的方式，以及他们与自然和周围人建立起怎样的关系。比如，他们如何处理资源，如何对待能源、材料、劳动力，他们会根据怎样的规则来组织工作、贸易和实现资金流动。他们会研发出怎样的技术，如何使用这些技术。最重要的是，这些解决方案为什么会出现，以及为什么一些概念得以贯彻实施，而另一些却销声匿迹。在它们背后隐含着怎样的想法、价值观和利益？这些想法从何而来？而这些想法如今又是如何成为那些不仅决定着我们的经济生活，而且还会决定我们的思维、行动、日常生活，有时甚至是决定着我们的感觉的强大理论的呢？并且，过去250年来在这些理论中根深蒂固的思想，为什么在今天却未必有助于将我们的生态系统及社会面临的危机转化为未来的机遇呢？

人们可能会觉得，我们的经济体系是自然发展的，就像动植物也曾在没有人类的干预下进化一样，但由人类所创造的系统的运作方式却是截然不同的。我们会对自己所处的环境做出评估，给自己制定出规则，从而改变我们的处境。这种变化可能在文化层面上，与市场相关联，或者牵涉到国界线这样的政治问题，并且通常是诸多事件相互作用下的共同结果。我们很难察觉或追溯到日常生活的现实中的这一创造性部分，因为想法和创新早已成为空话、法律、制度和习惯。我们所熟知的、为自己建立起来的世界是由规则所构成的，而这些规则就由我们自己创造。

人类用了两代人的时间就把这独一无二、仅为人类效劳的地球带到了崩溃的边缘。因此，如果我们想知道到底发生了什么，我们就必须再次有意识地重塑这些想法、结构和规则。

“有意识地重塑”是什么意思呢?

它的意思是，我们要清楚地意识到自己在做什么，并反问自己为什么要这样做。在科学界我们称其为反思性的思维方式。这其中蕴藏着一个机会，那便是学习。因为如果你不对你所做的事情及其原因追根究底，你便无法决定是否采取不同的行动。如果我们不对替代方案保持开放的态度，我们对待新问题的解决方案往往就只能停留在对已知事物的复制阶段。

刨根问底的质疑和以不同的解决方案去进行尝试意味着我们将重获自由和创造力。它为我们提供了适时地去进行创新的机会，而不总是用老派的办法迎接挑战。这就是我喜欢当一名科学家的原因，也是我写这本书的原因。本书不是一些细枝末节、事实、数字或者个别模型与预测之间所呈现出的差异的汇编。它试图尽可能地以通俗易懂的形式阐述当代人所感受到的时代变化的大体情况，提供一些想法和观点，在保护者和阻挠者看似无法解决的立场问题之间进行调解，这样我们便可以在寻找人类共同可持续发展的未来的过程中辨清方向。

我在比勒菲尔德附近的一个村庄长大，我的父母和几个也有孩子的朋友在那里一起建造了一个旧农舍。房子很大，每个家庭都有自己的房间，尽管如此，我们仍然一起生活。

直至今日，我父母朋友的孩子于我而言就如同兄弟姐妹一般。我们在同一所新成立的改革派学校读书，校园中不存在闭卷考试的成绩，只有关于学习过程的报告。当我们下午放学回家时，成年人轮流负责照顾孩童，以便其他人工作。我们这些孩子会躲在花园里的施工拖车中玩耍，还把它涂成了彩虹色。村里的人们把我们当作嬉皮士，村里所有成年人也都从事着一份小市民阶层的职业。我的父母是医生，他们致力于改善疾病预防机制和创伤修复工作。直至今日，他们仍然是国际防止核战争医生组织（IPPNW）的成员。

在20世纪80年代的德意志联邦共和国时期，我度过了一段独特的、非典型的童年时光。然而，在改革派学校中丰富多彩的生活经历也让我一次又一次地意识到，在颇具“生态社会”特征的农舍中成长的我们是多么幸运。尽管我不喜欢吃家里的素食汉堡，但至少就着可乐也还不错，否则可乐是不会白白出现在我家菜单上的。肉也不一定是我特别想念的食物，我想念的是牛奶、坚果和蘑菇。在切尔诺贝利核事故之后，我仍然清楚地记得储藏室里那一大袋奶粉，还有在事故发生后的头几天“不要在田野里闲逛”的广播。因为核辐射的扩散是隐形的，所以辐射的范围还不能确定。几年后，第一次海湾战争爆发，我们和其他学生一起围堵了比勒菲尔德的雅恩广场，进行和平抗议。记得在那段时间的某个时刻，我很纳闷：所有我认识的人们都向往着爱、和平、摆脱贫困和一个美丽安全的环境。那么，为什么我们偏偏做不到呢？

到底是什么阻止了我们社会前进的脚步呢？

直至今日，寻找这一悖论的答案也许是支撑我走遍世界的动力。我曾在德国、西班牙、瑞士和加拿大留学，背包穿越南美洲和美国，作为志愿者为德国环境与自然保护联合会工作，由此对中国香港、墨西哥和世界贸易会议有所了解，在会议中我们还与国际网络“我们的世界是非卖品（Our World is Not For Sale）”开展了合作。我与来自世界各地的致力于可持续发展的思想领袖一起，为世界未来委员会（WFC）基金会提出了为更好地保护后代人的权益而制定政策建议，并将其推广至纽约的联合国总部和布鲁塞尔的欧盟总部。当我成为一名母亲时，我决定在伍珀塔尔研究所从事专业工作，这是一个专门研究环境、气候及能源的机构。在这里，我能够将我的许多实践经验与转型研究的方法论联系起来，并在理论上加以完善。我一直都兼有着科学工作者的身份，但我获取知识的目的，从来都不是仅仅为了在一个小圈子里与其他专家和决策者分享。那些为了他们心中的目标而不计较个人功名利禄、燃烧自己、付出一切的人们尤为吸引着我，将我带到更为广阔的天地间。我从他们身上学习到了许多令人难以置信的东西，并努力将其纳入我的学术工作中。如今，我担任德国全球变化咨询委员会（WBGU）的秘书长。这一组织由独立专家组成，定期收集汇编最重要的环境及发展趋势的知识状况，为政治决策者提供指导参考。我把大部分时间都放在了对结果的沟通上，以便让这些结果被尽可能多的人们所理解。恰恰因为我们身处在一个所谓的“后真相时代”，我更要做一名坚定不移的人道主义者，我仍然坚信知识和良知的力量。我依然相信，当我们在对分歧追根溯源之后，当我们超越我们各自根深蒂固的角色而走到一起之时，我们一定会达成相互之间的体谅。因此，在 2019 年 3 月，我与一组科学家一起组建了“未来科学家（Scientists for Future / S4F）”研究团队，并撰写了一封公开信，以一连串的事实证明那些街头年轻人所进行的抗议活动是完全正当合理的。出乎我们意料的是，在三周内，来自德国、奥地利和瑞士的 26,800 名科学家签署了这封信。更让我们意料不到的是，讨论我们立场的德国联邦政府的记者招待会还成了社交媒体上的顶流。

在这一时代转折点为创新提供建议——我们将视其为己任。

我认为，这一时代为我们获取新的信息做好了准备，这是对之前我们所有的断言提出质疑的绝佳机会。它虽然无法立即解答我年少时心中的悖论，但它的确为变革创造了最重要的前提条件：一个未来可期的时空将会日渐明晰。

世界范围内的环境危机与社会危机并非巧合。它们揭示了我们对待自身和我们所生活的星球的方式。如果我们想克服这些危机，就必须意识到我们的经济体系是依据怎样的规则建立的。只有当我们了解它们时，我们才能将其改变并重获自由。

思考一

新的现实

科学是现实生活的一部分，它包含了构成人类经验的一切事物的内容、方式和原因。不了解人类所处的环境、不了解塑造人类身体和精神的力量，就不可能了解人类自身。

蕾切尔·卡逊（Rachel Carson）[①]，自然科学家

① 她的作品《寂静的春天》引发了美国以至于全世界的环境保护事业。——译者注

1968 年 12 月 21 日上午，美国宇航员弗兰克 · 博尔曼（Frank Borman）、威廉 · 安德斯（William Anders）和吉姆 · 洛弗尔（James Lovell）搭乘的“阿波罗 8 号”飞船，从佛罗里达州的肯尼迪航天中心发射升上太空。他们的任务是围绕月球轨道飞行并拍摄月球表面，为日后的登月行动收集信息。由于“阿波罗 8 号”飞船飞往月球背面，而月球背面却总是背对着地球，人类从未亲眼看见过月球背面的样子，因此人们都期待着三位宇航员带着全新的月球照片返回地球。①

当他们正在环绕月球飞行第 4 周，即将再次飞出月球阴影时，飞船顶端一直朝向未知的月球表面，此时指令长弗兰克 · 博尔曼调整了宇宙飞船的运行方向，顷刻间，地

① 在没有太空探测器的年代，月球背面一直是神秘的未知世界。由于潮汐锁定，月球绕地球公转与自转的周期相同，因而地球上看到的月亮“景色”总是一样的。直到 1959 年，苏联的月球 3 号探测器传回了第一张月球背面的影像。1968 年，美国阿波罗 8 号的三位宇航员在环月飞行时，成为最早亲眼看见月球背面的人类。——译者注

球出现在了飞船的侧窗。

“哦，我的天啊！”最先发现的威廉·安德斯说到，“我的天啊！你们看这儿，这就是地球升起的样子。哇，真漂亮！”

在互联网上可以找到的机载无线电广播录音中，你可以清楚地听到威廉·安德斯的声音，此刻他的相机里还只有黑白胶卷，他急忙向他的同事索要彩色胶卷，他的同事们反复确认，问他是否真的拍到了。

“你确定我们拍到了吗？”

“再拍一张吧，比尔[①]！”

威廉·安德斯拍摄的照片呈现出了一个发光的蓝色球体，白色的云层漩涡如同大理石花纹环绕在它周围，云层之下不时可以看到米色和绿色的大陆。这就是我们的家园——一个看起来很小、几近破碎的星球，被深不见底的黑色宇宙所包围。它是太阳系中唯一一个存在生命的行星。

弗兰克·博尔曼、威廉·安德斯和吉姆·洛弗尔为拍摄月球的新照片而飞往太空，如今他们带着地球的新照片返回地球。这张照片后来被美国航空航天局（NASA）以诗意的名字“地球升起”发布。如今它不仅被公认为是最著名的地球照片之一，同时也是有史以来最具影响力的环境

① 即威廉·安德斯（1933—　）。——译者注

摄影。原因很简单：它仅用一张图片展示了人类生存的整个环境。我们有且只有这一个地球。

这张照片基本上并没有描述出什么新鲜事，在近500年里人类对此已然知晓。至少从第一次环球航行以来，地球不是一块平面圆盘的事实就已人尽皆知。长期以来，人类早已认识到，地球不是宇宙的中心，人类也不是万事万物的中心。但是，人类却从未如此深刻地理解过地球的有限性和独特性，毕竟日常印象并不一定能传递更多的相互联系。人们对某一事物的印象未必能够说明我们与事物之间的关系。更重要的是，这一印象首先要告诉我们，人们是如何接近这件事的真相的。我们的印象与事实的真相之间存在着区别。这不是一点点差别，它们的差别大到引发了如今我们必须要处理的几乎所有的问题。1968年末，当阿波罗8号登上月球时，地球上只生活着大约36亿人。2019年末，在这个脆弱的天体上已经居住了超过77亿的人。短短的50年内，人口数量增长了一倍多。写下这个数字轻而易举，在论及世界人口增长时它也会经常被引用。但在这些数字的背后我们可以做出怎样的假设呢？ 50年内，从36亿到77亿，现在的人口增长速度是快还是慢呢？

或许做个比较会对我们的理解有所帮助。

如果把人类的历史想象成一部电影：从30万年前第一批智人在非洲出现开始到现在，直至人类定居下来，继而发展农业和畜牧业，这整个过程几乎构成了整部影片。当影片播放到生活在地球上的人口跟 1968 年一样多的时候，这部电影就已经要结束了，而在片尾字幕前的最后一秒，地球上突然间又增加了同样多的人口。

也就是说，这已经是几近疯狂的增长了。

然而这却不是问题的关键所在。

现如今生活在地球上的人不仅仅是 50 年前的两倍。大多数人还需要比他们的祖先拥有更多生存的空间，尤其是从经济角度来看，发展特别成功的国家更是如此。如果想检验这一点，你只需要回想，或者听听你父母的讲述，你们家在 50 年前是怎样生活的。

他们到哪里去度假呢？ 去国外？ 多久一次呢？ 他们是搭乘飞机的吗，或是开车？ 他们有车吗？ 有两辆吗？ 他们住的公寓有多大？ 每个孩子都有自己的房间，自己的电视吗？ 他们的衣柜里装满了多少衣服？ 家庭中共有多少科技产品？ 而又有多少在今天看来理所当然的科技产品，在当初并不存在？ 亲戚们多久买一次新衣服？ 多久换一次新家具？ 这些东西是在遥远的国家制造的吗，还是要先从那里进口过来？

简而言之，50 年前人们的正常生活是怎样的，而如今我们的正常生活又是怎样的呢？ 当时需要多少工厂、发电厂、公路、机场以及多少工业化农场来维持社会生活常态，而这些在今天又是怎样的呢？

生态足迹科学指标可以用来衡量某个人的生活对地球的影响。这一指标不仅可以计算出养活这个人所需的耕地和牧场面积，他所使用的道路或者他生活和工作的土地面积，而且还可以计算出吸收他排放的二氧化碳以及为他提供能源所需的森林面积。生态足迹将每个人在自然界中消耗的资源以公顷为单位进行换算，并将其与自然界中可用于补偿这种消耗的面积进行比较，从而使得耕地能够休养生息，或者说恢复自然。收获不会大于播种，这是每个园丁都知道的道理。生态足迹将这一规则迁移运用到整个地球和人类，并且考虑到了那些令我们的地球相较于花园更为复杂的因素。

当阿波罗 8 号登上月球时，人类的生态足迹仍维持在地球所能给予的范围之内。20 世纪 70 年代中期以来，生态足迹不断增长，自然界的枯竭已经成为一种常态。耗尽本够一年使用的资源的日子，即地球生态超载日[①]在每一年的日历中一再提前。对于 2019 年而言，那就是 7 月 29 日那一天。在那之后的每一天，我们都在向大自然借贷，从未偿还的借贷，来年可用的环境资源甚至比以前更少了。就德国而言，这一天甚至来得更早。如果以目前德国的生活

---

① 地球生态超载日（Earth Overshoot Day），是指地球当天进入了本年度生态赤字状态，已用完了地球本年度可再生的自然资源总量。——译者注

方式作为全球标准，我们将会需要两倍以上的地球资源。但正如在阿波罗 8 号上拍摄的照片所示，地球只有一个。然而，当有人说出这个令人不悦的事实时，反对人类节制和反对禁令的抗议活动便会定期举行。

因此，那些想成功塑造未来的人应该从实际情况出发，而不是停滞在过去。几千年来，人们都将地球视为一个拥有无限资源的星球。如果一片森林被垦尽，下一片也难逃此劫。如果焚林而猎、涸泽而渔，如果矿井被开采殆尽，人们则索性搬迁他处，或者在原地转而使用另外一种可供人类支配的资源。这个星球似乎无边无际。人们总能以这样或那样的方式逃避资源匮乏的困境，并开发出新资源以代替旧能源。然而这个过程却并非总是以和平的方式推进的。正是那些正在巩固其势力的欧洲民族国家在其全球扩张的过程中，在其“发现”人口稀疏的地区和大陆的过程中，剥夺了当地土著居民的财富，并常常导致他们的人口大量减少。日益富强的工业化国家获取了无数的新资源，创造出了新技术或发现了全新的基本元素，比如原子和基因。事实上，只要这一模式还在运转着，只要少数人还在与我们的地球为敌，只要没有做出改变的理由，人类所谓的现代化进步，从根本上来讲无非就是扩大势力范围和剥削他人，无非就是扩张和提取。尽管争取社会正义和普遍人权的斗争一次又一次地改变了这种进步的方式，但却没有人从根本上对其原则提出质疑。然而，人类与自然的关系在这期间已经发生了根本性变化。如今，在这个越来越小的星球上生活着越来越多的人类。正如经济学家赫尔曼·戴利（Herman Daly）所言，我们逐渐从一个“空的世界”步入了一个“满的世界”。

这不亚于一个新的现实。

这是什么意思呢？

新的现实意味着，人类共同生活和进行成功的经济活动的参照物已经发生了根本性的变化。当自然界及其生态系统稳健的自我再生能力被剥夺之时，扩张和开采自然就会结束。科学界将此称为临界点或地球极限。任何一个想在现实中生活的人都必须承认这一点，这是一个正在激剧变化的现实生活，否则他就是在一个虚幻的世界中生活。在人类与地球之间的关系中所产生的 21 世纪的新现实是全球性的，这也就意味着，生存在地球上的所有人的生活都将改变。如果我们不那样做，那么我们将活在一个具有全球性规模的幻觉世界里。然而，这却正是我们在讨论气候危机和可持续发展时最经常见到的情形。我们探讨地球的极限，但绝大多数的解决方案提议都回避了去承认这究竟意味着什么。请注意：通常都是增长和繁荣的情况越来越多，然而却很少有人会去关注在这背后究竟要付出怎样的代价。

人类发出的最早的警告之一：“如果人类不想遭受全球性灾难，那就必须对新的现实做出反应”，这是由丹尼斯梅多斯（Dennis Meadows）和德内拉·梅多斯（Donella Meadows）领导的一组科学家早在 50 年前就对人类发出的警告。他们在位于波士顿的麻省理工学院首次使用计算机来模拟人类未来，并开发了一个名为“World3”的模型。这一模型如今可以在任何一台家用电脑上运行，而当时它却需要靠一整台大型计算机的计算。科学家们给模型输入了 5 个长期趋势数据：目前为止，地球人口以何种速度增长？粮食生产情况如何？工业生产情况如何？人类对金属或化石燃料等不可再生资源的开采到达了何种程度？环境污染是怎么发展的？最重要的是，这些发展趋势间有怎样的相互作用？

研究人员试图借助过去的数据预测未来，并创造了一个名为“标准运行”的场景。“标准运行”做出假设：人类如此前一般照常生活。

当这项研究在 1972 年公布时，它所产生的轰动效应可能不会大过一颗巨大的小行星即将撞击地球的预言。然而它却也小不了多少。

计算结果表明，在“标准运行”的条件下，人类文明的崩塌不可避免，并且它会在未来的一百年内发生。如果人口和工业生产持续增加，不可再生资源将会很快消耗殆尽，而环境污染将会给人类带来无法挽回的损失。社会系统将无法再弥补由此而产生的代价，社会将变得不再稳定，工业产出下降，人口萎缩。在到达某个定点时，上述的五大要素曲线会接连陡然地向负值倾斜，“临界点”由此得名。

更令人震惊的是，即便科学家在计算机模型中对一些因素进行了控制，也无法阻止人类文明崩塌的发生。例如，将资源供应设定为无限大。然而人口的大量增长也会导致农业用地不足，粮食供应短缺。当科学家们限制人口的增长并将粮食产量加倍，不断增加的污染将会导致更高的死亡率。无论他们做出何种改变，迟早都会出现同样的结果。

唯一不会以崩塌告终的情景是：同时成功地限制五个因素的增长。只有如此，才有可能躲避人类文明崩塌的结局。因此，该研究也被命名为“增长的极限”。

事实上，只要我们睁开双眼并带有逻辑地看待这个世界，就会发现，科学家们得出的结论没有什么是我们设想不到的。但由于富裕国家的许多当地环境问题都可以通过更好的技术或是将污染环境的过程转移到其他国家解决，所以只有借助新型计算机技术才有可能掌握全球间的联系。从思考模型转化而来的可视化与量化曲线使这项研究产生了巨大影响。直至今日，这项研究依旧闻名遐迩。其结果后来被反复更新验证，但都没有人从根本上驳倒它。从本质上看，这五个因素的发展都或多或少地与科学家们将近50年前的计算结果相符。这也不足为奇。毕竟，即便科学家们将人类的进步形式濒临崩溃的事实用白纸黑字记载下来，人们也并没有偏离“标准运行”的情景，人类依旧如以前一般生活。个别产品与技术相对意义上的效率提高和改进并没有改变整体情况。对一个国民经济体的经济增长与环境消耗之间实现绝对脱钩的设想仍然遥遥无期。

自20世纪70年代以来，人们不断地尝试去解决这个问题，不仅仅局限于其个别形式上，而是想从本质上控制住这个问题。人们一直在努力地描述问题，让大家意识到问题所在，甚至加以解决。为此，人们进行了新研究，成立了理事会和委员会，召开了峰会，编写并通过了议定书。但只要通过这其中的一种形式——人类对抗气候变化的情况——就足以窥见人类在这方面取得了多少进展。

20世纪30年代末以来，已有科学证明，二氧化碳排放会使地球大气层升温，而人类使用煤、石油和天然气等化石燃料会加速这一进程。20世纪60年代中期，美国科学家警告自己的政府，人类正在不知不觉地以这样的方式“进行一场规模庞大的地球物理实验”。20世纪70年代末，科学家们就已经知道了今天人们所了解的几乎所有关于气候变化的事实。自1992年以来，世界上几乎所有的国家都签署了一项名为《气候变化框架公约》的国际协议，并承诺减缓全球变暖的速度。1997年以来，《京都议定书》设定了具有国际法效力的温室气体排放目标。2015年的《巴黎协定》将这些目标进一步细化：将全球平均气温的上升幅度控制在2℃以内。戴维斯·古根海姆（Davis Guggenheim）

执导的电影《难以忽视的真相》是一部关于美国前副总统阿尔·戈尔（Al Gore）对抗气候变化的纪录片，该片获得了两项奥斯卡奖项，阿尔·戈尔也因其对环境事业的贡献获得了诺贝尔和平奖。自此之后，全球变暖是由人类造成的已经成为一个众所周知的事实。

那是在2007年。

可你是否知道，人为制造的二氧化碳有一半是由我们这一代所为。我们在明知故犯的情况下对环境造成的损害，与人类在还不了解自己的所作所为的情况下造成的损害一样大。

怎么会这样呢？

我的观点是，我们抗拒切实地去审视新的现实。近50年来，我们一直沉浸在一个虚幻的现实中，宁愿遵循货币指标而不遵循物理和生物指标。

虽然长期以来，人类在与仅能为不多的人口提供资源的地球为敌，但现如今，我们拥有的却是越来越多的人口，越来越小的地球。如果人类不想导致自身毁灭，就必须学会在一个“满的世界”里、在一个独一无二的星球上，管理有限的资源。这就是新的现实。

思考二

自然与生活

如果一个社会无法应对其资源的枯竭，真正引人注目的问题应该出在社会本身而并非资源上。到底是社会中哪些结构性、政治性、意识形态或经济性的因素阻碍着我们做出适当的反应呢？

约瑟夫 · 泰恩特（Joseph Tainter），人类学家

2018年3月，美国专利及商标局收到一份申请——为一项植物人工授粉的新技术申请专利。在编号为US2018/0065749的多页申请中，发明者描述了一种类似于迷你无人机的微型飞行装置。它可以从充电站出发，在农田上空自由移动。借助一把小型刷子，它能够在一株植物上收集花粉，然后再借由一个小型风扇将花粉传播到另一株植物上。飞行装置配备了一个传感器来检测授粉是否成功，同时还会向网络发送信号，以免其他飞行器再次飞向同一株植物。

任何看到这份申请书的人都可能因两件事而感到震惊。一方面，人们会立刻意识到，这一发明是对在大自然中生存了数万年的生物——蜜蜂的一次技术复刻。

尽管从发明者的角度来看，事情又有些不同。他们在申请书中写道：近年来，为植物授粉的昆虫数量一直在急剧下降，而试图用大型机器将花粉大面积地播撒到田地里的做法也已经被证明是无效的。

另一方面，这项新技术专利的申请人也让人感到惊讶。因为申请人并非发明者，而是委托发明者进行专利开发的公司：美国的连锁店零售商沃尔玛。

零售商要开发出机器人蜜蜂干什么呢？

如今，沃尔玛绝不仅仅是一个零售商。它既是世界上最大的零售巨头，也是财力最雄厚的公司之一。不惜一切代价拿出比竞争对手更低价的商业策略，是沃尔玛公司不断发展壮大的原因。“永远低价”曾是沃尔玛多年来的广告标语。

这意味着沃尔玛在每件产品上的收入少于竞争对手，也意味着它必须销售大量的产品才能获利。这叫作规模陷阱。对其而言，大规模销售乃立身之本。

因此，沃尔玛不仅是全球营业额最高的公司，也是世界上最大的私人雇主。其全球超过 11,000 家分店雇佣了超过 200 多万名员工。因此沃尔玛的创始家族沃尔顿家族也是美国多年来最富有的家族，也就不显得多么令人吃惊了。

但这与人造蜜蜂有什么关系呢？

如果想要理解这一点和我们的经济体系的发展轨迹，以及我们今日如何看待这样的经济体系，就必须先了解人类对自然的看法。大自然构成了人类经济生活的基础，为我们的经济生活提供了能源和材料，人类只是将两者加以改造。但只要人们认为自然界是由一个或多个神创造的，其改造的法则就会像神道一样难以捉摸。在有些文化中，人们将自然或地球视为创造女神，而在西方文化领域中，上帝创造地球并将其转交给人类的观念则广为流传。从16世纪开始，当伽利略·伽利雷、勒内·笛卡尔或艾萨克·牛顿等科学家们重新审视这一古老的思想，并重新阐释“征服地球”的使命时，关于人类作用的全新视角随即出现。科学家们表明，自然界遵循着可预测的规则。如果人们能够正确认识、描述这些自然法则，并为了自身利益系统地运用之，那么人们就能把命运掌握在自己手中。例如，人类已经完成了启蒙运动和智人的自我形象更新。

就像孩子拆开玩具一样，人类现在把大自然一块块地拆开，开始玩弄它的各个部件，并找到其具体功用。于是人类改变着各个部件，将其相互交换或重组，并坚信由此会让世界以更利于人类的方式运转。人类不久以前还只是自然界的一部分，如今却成了万物中心，并与自然割裂开来，从现在起自然只能围绕着人转。一个在内部万物互联的、充满生机的整体变成了一台为达到自身目的而随意重建或改变的机器。具有动态稳定关系网络特征的事物，在人的感知中被简化为割裂的要素，并且它通常还是在（无形的）整体中人类感兴趣的某一个方面。

那么，人类会利用自然创造价值吗？还是将其直接丢弃？

毋庸置疑，如此般穿行于世的人类当然看不到自然界不可思议的多样性，以及其动态变化和各个部分间的相互联系。他忽略了一个事实：没有任何东西，即便是最小的雪花，也不会与另一片雪花丝毫不差。每个现象都源于另一现象而产生，就如同一个元素的嵌入方式都会对其自身的特性和发展产生影响。然而，如今的世界看起来却是这样的：

森林只不过是木材而已；土壤只是植物的支撑；昆虫就是害虫；鸡是一种会下蛋并提供肉质的东西。

历史上人类所饲养的鸡都起源于爪哇的邦克瓦鸡。这是一种自由放养的野生型鸡，最初产于南亚及东南亚，后来人类将其驯化并扩散至全球，这一物种便成了当今世界上最常见的禽类。可如今人们饲养的家鸡品种与这种野生型鸡几乎毫无关系，它们与我们的祖先100年前饲养的品种相差很大。此前，饲养既能产蛋又能提供肉质的鸡十分普遍，而且总有一些在某一方面具备优势的品种。然而，如果人们试图通过饲养来改善某种特性，那么另一特性就会被忽视。更多的鸡蛋即意味着更少的鸡肉，反之亦然。

第二次世界大战后，人类又根据动物特点对其进行划分，创造出只有一种突出特性的品种。如今，肉鸡只需一个月大就可以宰杀，蛋鸡在第一年能产高达330个鸡蛋，第二年则不再具备如此高的产量。而且对于某些蛋鸡品种来说，还有更糟糕的情况：在这个系统中，它们倍加无用了，因为它们自然而然地既不会产蛋也不会快速提供肉质了。从经济角度来看，继续饲养蛋鸡毫无意义，所以这一品种的雏蛋鸡刚刚出壳后就会被立即送进粉碎机。

这很反常吗?

这正是该系统的运作方式。仅仅在德国，一年就产出了 120 亿枚鸡蛋，宰杀了 6.5 亿只鸡，还有 4,500 万只雏鸡被送进了粉碎机。

下一年这种状况又会周而复始。

现代文明的进程中，生长在一个什么都需要的农场里的一只万能的鸡，全然变成了高度专业化的家禽工厂里被高度优化的鸡品种。因为畜牧业也已经进行了细化。如今，饲养、繁殖、育肥或养蛋鸡分散在了不同农场。历经几个世纪，人类不断培育不同的品种，在此系统中的鸡也缩减到仅有的几个品种。基因上的精简，使得留下来的鸡更容易感染疾病。这种精简对生产者而言则是市场呈现出垄断的组织形式，少数人支配着市场，一波禽流感就足以使他们陷入破产。

同样的情景出现在如今所谓的经济作物，如香蕉、咖啡、大豆或小麦中。经济作物的种植并不是为了满足一个国家的内部供应，甚至有时相反，人们会忽略这一点。种植经济作物是为了出口。在这种情况下，优选品种服务于短时间内获得最大产量的目标。不幸的是，事实证明，它们对气候变化的抵抗能力很弱。然而，大多数替代品种却已经消失了。

现代人建立的这种系统与自然界中存在的系统之间的显著区别是，后者具备高度多样性和循环运转的特点。在自然系统中，不存在不以可被他者进一步的形式而归还自然系统的舍弃现象。一种生物的废弃物，于另一种生物而言就是食物。如果现代人介入这样一个生长的系统，循环就会变成一条单向运行的传送带。前端进行着开采和消费，后端产生的废弃物却不能成为任何物种的养料。垃圾将被焚烧、掩埋、堆积或漂浮在海洋和河流中。

自然系统是为长期发展而建立的，而人类设置的系统是为当前利益而设计的。自然系统依靠多样性生存，它能够自我控制，并且抵御冲击。这便是它具备恢复力以及整体效率的原因。自然系统以能源效率为导向，因此不浪费任何东西。而现代人为的系统就像一条单向运行的传送带，它试图使单个过程具备经济效率：在前端花费较少的东西，在后端就成为净值了。因此，人类设置的系统减少了多样性，整体结构变得同质化，这使得系统变得脆弱且容易出错。现代人没有采用在生物系统中成功进化的模式，而是试图把他们接触到的所有东西都变成一台生产力最高的机器，同时人们却忽略了这台机器周围的环境。

被人类如此对待的，不仅仅是自然。

当你穿越德国城市的市中心时，你可以数一数那里还留存有多少小商店；再数一数还有多少全球连锁店在另一个城市、国家或大陆销售着同样的东西。以服装业为例，每年在制造过程中会产生 9,200 万吨的废弃物，而这其中有相当多的一部分是完全可用的衣物。这些废弃物通常会被焚烧，因为焚烧是最便宜的垃圾处理方式。然后，我们又再次把手伸向地球，进行下一次大规模的搜刮，而不是回收那些我们已经拥有的东西。

你或许早已不再去市中心，因为亚马逊基本可以满足你的所有需求了？这个令人印象深刻的巨型集团让一切都变得更便宜、更方便了吗？日益为人所知的一个事实是：亚马逊对整个社会进行监听和分析，出售这些数据以获取利润。此外，这一巨大平台系统性地攻击那些不想通过亚马逊销售的品牌和制造商。但是，仓库向带有手腕扫描仪的亚马逊的包装工人下达指令，当超过规定的时间时，扫描仪就会发出信号，这时人们才逐渐被驱动工作。独立驾驶的送货员基本看不到其他人，甚至在招聘他们的时候也见不到人，只有电子邮件、视频和导航设备。同时亚马逊很少交税，他们只在世界上的少数国家或地区交税，这些国家或地区通过低税收来增强自己的商业吸引力，亚马逊便在这些地方申报利润。然而，亚马逊在所有地区怡然自得地享用着由税款资助的基础设施和援助困难职工的社保体系。在这种情况下，甚至连“我的部分利润用于维持我们的生存利益”的循环都不再起作用了。

当今世界，机械化萃取和最大功率设备的全球化进步模式不仅将我们的自然，而且还将我们的文化和生活方式都置于同质化与经济化加速发展的潮流之中。

脸书[①]上每月有近25亿活跃用户。

星巴克（Starbucks）、飒拉（Zara）、普里马克（Primark）、麦当劳（McDonald’s）、汉堡王（Burger King）和可口可乐（Coca-Cola）在世界各地进行着生产和销售。身处世界各地的我们看着同样的电影，听着同样的音乐，认识同样的明星，吃着汉堡、意大利面和比萨。

可这与机器人蜜蜂又有什么关系呢？

1983年，联合国成立了一个委员会，探索人们的经济活动如何与地球极限相协调。四年后，挪威前首相格罗·哈莱姆·布伦特兰（Gro Harlem Brundtland）领导并发表了以其名字命名的《布伦特兰报告》，首次制定了人类经济活动要想可持续发展则必须遵循的准则。其基本指导思想为：使事物重回平衡。因为环境失控在那时已初见端倪。

委员会对“可持续发展”的定义很简单，该定义后来也成了后续所有环境协议的基础：“可持续发展模式指的是，既满足当代人发展的需求，而又不危及后代人满足其需求

① 2021年12月28日脸书（Facebook）正式宣布改名为“Meta”。——译者注

的发展”。

此外，它还包括两个重要的子项：优先考虑贫困者的需求，同时必须注意统筹社会和技术发展，以免破坏自然界的循环再生。这是一次重大的思想转变。

1987 年，美国经济学家罗伯特·索洛（Robert Solow）凭借其经济增长理论被授予诺贝尔奖。该理论不仅指明了新发明作为国民经济引擎的作用，还指出了自然资本的可替代性。这听起来似乎比可持续经济活动的规则更复杂，其实不然，它倡导的是反方向的解决方案。自然资本的可替代性意味着，人类可能以某一人工元素取代从自然系统中索取的某一元素。按照罗伯特·索洛的说法，这不是一场灾难，甚至算不上错误。如果人类破坏了自然，那只需要用技术取代它，一切都会变得更好。把绿色变成灰色，这重新诠释了《布伦特兰报告》的第二个前提：社会和技术进步不是以不破坏自然循环再生的方式进入自然界的。如今的社会和科技进步所要做的就是充分取代自然。

或者参照罗伯特·索洛委婉的说法：“如果可以很容易地用其他因素代替自然资源，那么理论上就不存在任何问题。世界可以在没有自然资源的情况下维持下去，所以资源耗尽只是一个事件，并不算大祸临头。”

当我第一次读到这句话时，我简直无法理解。

他就因此而获得了诺贝尔奖？

世界银行等重要机构采纳了这一观点，向那些通过开发自然资本来支付教育、住房价格或其他东西的国家给予了口头上的赞美和金钱上的支持。这种做法名为“真实储蓄（Genuine Saving）”。在真实储蓄的衡量标准下，只要人们从热带雨林所生产的产品及其所提供的服务中赚得大量钞票，即便热带雨林不复存在也没什么问题。毕竟，货币及价格是经济学的唯一衡量标准。然而货币指标却无法指明，人类发明的替代品是否完全适合于生命网络。是否可以说，只要我们能够制造机器，就可以想当然地摧毁所有生命？在公认的价值中立的经济学中，这仍然是极少被讨论的问题。

如你所见，我认为罗伯特·索洛的观点太自以为是，他的基本假设几乎脱离了自然科学知识，而《布伦特兰报告》的观点则更贴近现实生活。撇开这一点不谈，索洛和布伦特兰的方法只是体现了看待世界的两种不同方式，这在人类历史上经常如此。这里有两份决定未来的提议：要么继续像以前一样，只是更明目张胆地继续；要么进行根本性的改变。改变我们看待世界的方式，世界也会因此改变。这是两种可供选择的想法，今天依旧如此。

你觉得，在1987年的较量之后，哪种观点会占上风呢？

然后我们便看到了机器人蜜蜂。

如果将昆虫为植物授粉视为自然界为人类提供的一项

服务，并将其换算为金钱，据德国联邦自然保护局预估，这项服务的价值为每年 1,500 亿欧元。这甚至超过了苹果、由谷歌重组的 Alphabet 公司、脸书和微软公司的全年利润总额。生态系统为人类提供的其他服务还包括：水、空气、养分的净化及循环，抵御风暴和洪水泛滥，以及自然空间给人们带来的休闲娱乐价值。因此，估算生态系统提供的所有服务的货币价值是一项艰巨的任务，这背后是在试图说明，与人类的价值创造形式相比，自然界为人类生活提供了哪些经济附加值。相反，人们也可以反问自己，如果我们必须独立生产所有的东西，那将会多么昂贵，更不用说我们是否能做到这一点了。

2014 年，罗伯特·科斯坦萨（Robert Costanza）领导几位研究人员在一项元研究中计算出了巨大的总额，这使得上下偏差都无关紧要了：至 2007 年，自然界每年为人类提供价值 125 万亿 ~145 万亿美元的服务。这远远超过了全球所有国家生产总值（BIP/GDP）的总量，即全世界人类在一年中生产的所有商品和服务的总和。2018 年，全球 GDP 为 84 万亿美元，但在 2007 年，这个数字还只是 55 万亿美元左右。该研究还指出，截止到 2007 年，人类每年对生态系统服务的破坏数额约为 4.3 万亿 ~20.1 万亿美元。如果我们将 GDP 增长和生态系统的破坏相抵消，那么得出的结果总额为负数。

尽管生态系统服务在可靠的资源供应、健康供给和高生活质量方面提供的价值如此巨大，但人类几乎是免费从自然界中获取了这些服务。人类无须对其进行发明和开发，也不用为它们提供人员和机器，因此它不列在资产负债表中。因为在经济学中，无须支付的东西即没有价值。目前为止，自然界根本没有得到人类足够的重视。我们为单个部件买单，为人们从地球上索取的资源材料付费，如一立方米的木材或一克的铁。与之相反，对于空气和水的再生性和分配性净化、花粉和种子的传播、碳储存以及食物链和生物多样性的保障，我们没有明确的价格体系，更不用说理解它们了。你发现了吗？保护自然的行为和在经济上取得成功是对立的，这真是太荒谬了。

世界上三分之一的人工培植的农作物生产依赖于昆虫为植物授粉。但只要有像沃尔玛这样只关心以最低的价格提供食物的公司，人类就会对为提供如此廉价的食物所必需的工业化的农业生产所造成的损害视而不见。

幸运的是，这些公司本身也渐渐意识到了这一点。

近年来，沃尔玛一直在努力成为一家可持续发展的公司。沃尔玛对其庞大的卡车车队进行了现代化改造，降低了制冷装置的耗电量，最大限度地减少了包装尺寸，从而使得二氧化碳排放量大幅下降，遏制气候变化的加速。沃尔玛也开始在其硕大的超市屋顶上安装太阳能电池板，并一跃成为美国最大的太阳能生产商。他们甚至将有机产品纳入其产品系列中，一举成为全球最大的有机牛奶和有机棉的买主。

这听起来像是一个巨大的成功，对吗？

人们可能会想，如果这样的一个大公司突然转变为可持续发展公司，那么整个系统也会毫无疑问地向可持续性转变。但实际上，经济增长、生产力或竞争力等这些关乎经济概念的（我将会在本书中解释这些概念，并对其提出质疑）可持续性转变并没有发生。它既没有发生在企业里，也没有发生在牛奶和棉花市场上。

沃尔玛并没有成为全球最大的有机食品连锁店。

相反，它正在开发机器人蜜蜂。

无人机是否真的能够发挥和蜜蜂一样的作用，目前来看，它至少是一个大胆的尝试。就亚马逊公司来说，它仍然需要人类工作，因为机器人的手臂目前还无法完成精细的工作。另外，微型电子产品其实相当脆弱，远不如可以自我修复的生物蜜蜂那样坚韧。此外，所有这些人造的技术替代品所需的能源形式，也必须由人类供给。如今，我们要关注的是降低能源消耗，从而缓解气候变化的严峻性。与此相对的是，蜜蜂可以从食物中产生自己的能量，它们以植物的花粉和自产的蜂蜜为生。植物从光合作用中获得能量，光合作用的运行完全不需要人类干预，也完全不会损害生态系统的其他服务。

很遗憾，索洛先生，即便我们将伦理问题和价值取向降低到只考虑“人类团队”的生存层面，从恢复力角度来看，建立一个所有功能都依赖于人造机械和能源的未来经济体系的想法简直荒谬。

为什么我们不能直接维护给予我们多种能源并且可再生的大自然呢？如今，我们已经可以清楚地认识到，我们正在用哪些栽培和种植方法来消灭真正的蜜蜂。那什么才是维系生存的创新性议程？是无人机还是转变耕作方法、供应链和土地使用观念？

我们与自然的关系揭示了人类从事经济活动的骄横。人类令自然系统服从于自身的需求，削减了自然的多样性，使之变得更加脆弱，并且人类需要耗费更大的努力才能够维持自然系统的稳定。人类系统是不可持续的，除非我们学会重建它，否则其崩塌将不可避免。

思考三

人类与行为

一旦某个想法取得了成功，它就很容易变得更加成功。这种想法会被纳入社会和政治体系之中，这促进了其进一步的传播。随后，该想法还会超越其既得利益者和拥护者所在的时空而继续盛行。

约翰·罗伯特·麦克尼尔（John Robert McNeill），历史学家

“最后通牒博弈（Ultimatumspiel）”是一项研究人类行为的科学实验。该实验由德国经济学家沃纳·古思（Werner Güth）及其同事于20世纪70年代末设计提出。他们找来两名被试，给予其中一位一笔资金，并要求他将这笔钱与另外一位被试一起分享。关于分享给另一位被试的资金额度，前者只能给出建议，却不能再做方案修改。若后者同意前者的资金分配方案，那么两人可以得到这笔钱；若后者拒绝前者提出的分配方案，两人都将一无所获。因此，第一位被试者必须事先仔细考虑如何分配，以便他的谈判伙伴同意此方案。

最终的结果表明，方案中明显存在一个类似于最低份额的心理预期，一方必须愿意让出，另一方才会接受。这个最低份额约为总金额的30%。假设第一位被试有1,000欧元，他必须给另一位被试至少300欧元，否则便会遭到另一位被试的拒绝。

这个结果并没有出乎你的预期吧？

但这一结果却与经济学相悖。

如果我们想重新思考这个世界，就必须回溯到建立今天我们所熟知的世界的精神基础上。这不仅包括人对自然的看法，也包括了人对自身的看法。在这个问题上，人们趋向于认为，人类对待自己并没有像对待自然界那样离谱。当涉及人类自身时，人类是否应该更了解自己呢？不幸的是，情况恰恰相反。

大多数经济理论背后的人物形象是一个利己主义者，在任何情况下都只是冷酷地计算自己的利益。如果人类必须做出选择，那么消费者总是会选择给他带来最大利益的东西，而生产者则会选择承诺给予他最大利润的东西。无论是自己或是他人的情感都毫无作用，在这里理性说了算，仅限于成本和收益计算，这就是理性经济人（Homo oeconomicus）的概念。这一概念在很长一段时间里从经济学的角度解释了人们的经济行为的方式和原因。当然，这只是一个粗略的思考样式，但它为后续的理论模型奠定了基础。

最后通牒博弈的结果震惊了经济学界：因为如果能得到这笔钱的人是一位理性经济人，他将会接受任何数字的金额。无论钱有多么少，理性经济人都不应当轻易放弃这种利益。然而，测试结果却表明：被试只要认为对方没有公平分享，他宁愿分毫不取。这种结果似乎完全不符合逻辑。这与经济学界中普遍存在的人类形象和模式是相互矛盾的。

但为什么可持续发展的社会很难被实现呢？我年轻时所做的假设可能听起来很幼稚，但我原以为人类只是缺乏知识。我原以为，如果人们明白这一点，知道他们应该如何以其他方式行事，他们就会做得很好，于是我大学攻读了媒体研究。但如你所见，思考“知识究竟是什么以及什么是有益的知识”这样的问题也十分重要。

在绝大多数人看来“合乎逻辑”的事情，却在顶尖大学讲授和研究经济学的人眼中被视为是一种面对人类生存时的忧郁的逃离，这使我感到诧异。可更令人吃惊的是，当我为了获得欧洲证书而选修了国民经济学课程，以便了解更多经济学家看待世界的理论时，我突然间发现，忧郁成了在幻影世界中生存的一种方法。在此，真实的人类和真实的自然界并无二致，他们都鲜少出现在这些经济学理论中。从根本上来说，公司只想赚取越来越多的利润，而家庭则想购买越来越多的东西，各国的国民经济均在不停地增长。从这一视角出发，金钱是唯一的价值。

我记得在大学的一堂课上，一位教授解释说，劳动者总是会前往可以赚取最高工资的地方，即便要去往别的国家也在所不惜。当我开口问道，当地究竟是贫困到何种程度，以及多大的工资差异会使人们离开家庭，而对工人而言，他们的这种付出怎么可能在这一模式中毫无成本时，教室里突然陷入了沉默。

教授看向他的助教，学生们则都盯着我。最后，教授说出一句话：“快看，这是一颗多么温暖的心！”

我的问题并没有得到回答。从那时起，我就在思考，为什么经济学喜欢以冷酷的心态为荣，这又有什么好？但我也感觉到在对“为什么我们不能实现可持续发展的社会”这个问题上的解释又迈进了一大步。我决定撰写一篇博士论文，重点研究经济学的思想史，并探究这个幻影世界是如何形成的，其观念对政治及社会的发展有什么作用。

经济学家评估人类行为的方式，以及他们按照什么标准来衡量人类是否合理地进行经济活动，这些问题可以追溯到出生于200多年前的三位英国人的见解。他们都出生在英国，这不足为奇，因为以上述人类形象为基础的经济形式——工业化，也正起源于那个时代的英国。通常情况下，理论和实践并不是独立出现的，而是相互映照而形成的。

第一位是亚当·斯密。他的《国富论》至今仍是一本被广泛引用的著作。根据亚当·斯密的说法，每个人都通过工作生产自己最擅长的东西。于是，不同类型的产品在自由市场上进行交易，并由供求关系决定其价格。从市场逻辑的角度来看，通过这种方式，个人兴趣的满足使所有人受益。亚当·斯密称，像被一只“看不见的手”引导着。他向人们描绘了一幅有魔力的图景，但这个比喻相较于他本人而言，其实对他后继的学说阐释者起到了更加关键的作用。

第二位是大卫·李嘉图。他将劳动分工和交换的思想上升到了国家层面。根据大卫·李嘉图制定的对外贸易模型，无论一国所提供的货物是否在别的国家也有生产，或许以花费更低生产成本而生产，国与国之间建立贸易关系都是有利的。以葡萄牙和英国为例，这两个国家在当时都生产布匹和葡萄酒，但葡萄牙却能以更低的成本来生产这两种产品。李嘉图表示，即便如此，贸易往来对两国仍有意义，因为葡萄牙生产葡萄酒所需的人力少于英国生产布匹所需的人力。因此，如果葡萄牙专攻葡萄酒，英国专攻布匹，那么，二者的总产量将多于两个国家同时生产这两种产品的产量。依据这个名为“比较优势”的贸易理论，国际贸易直至今日仍运行良好，更确切地讲，国际贸易的建立正是以此为基础的。

与经济模式有关的第三位学者并不是经济学家，而是一位生物学家：查尔斯·达尔文。达尔文认识到，新物种是通过随机遗传变异和自然选择产生的，而自然选择又伴随着适应变化的能力。刚刚兴起的经济学学科将这种观点应用到自身的研究对象上，以哲学家和社会学家赫伯特·斯宾塞为首要代表。突然间，经济活动的目的不再是以有益的方式组织人与人之间的分工，并生产越来越多供人使用的商品。在关系层面上，如今的经济活动变成了人与人之间的斗争，而在这场斗争中，只有最强者才能幸存。

如果遵循这三种假设，经济充其量就是一个利己主义者从众多利己主义者中存活下来的尝试，他 / 她试图通过生产越来越多的产品和积累财富而存活下来，最终奇迹般地实现所有人的财富不断增长的景象。

你怎么看呢？这像是一个有陷阱的故事吗？

那么请你回想一下理性经济人和他在“最后通牒博弈”中的结局。也许这个故事并不真实，然而我们在媒体的经济类的文章中却不断看到它的各种变体。

20 世纪 70 年代中期，美国经济学家理查德·伊斯特林（Richard Easterlin）发表了一篇名为《经济增长可以在多大程度上提高人们的快乐》的论文。在文章中，他比较了 19 个国家在 25 年内的经济数据，并将其与居民生活满意度的调查数据联系起来。理查德发现，在人均收入超过某一定点时，人们的平均满意度并不会随着收入的不断增加而持续增长。很显然，在到达某一定点时，最初在人均 GDP 数字和人均幸福指数间的可靠关联消失了，即使有更多的财富也无法带来更高的生活质量，这一矛盾现象被称为“伊斯特林悖论（Easterlin-Paradox）”。尽管对所有非经济学家来说，拥有越来越多的东西并不能自动地使我们变得越来越幸福，但这并不是一个真正的悖论：当我们丰衣足食、安居乐业时，身体健康、关系和谐、工作满足和人际认可便会自然而然地在我们对生活的评估中变得更为重要。然而，如今经济学界中最聪明的人仍在致力于对理性经济人问题的质疑，同时质疑基于这种行为模式的市场和社会的发展。由于迄今为止经济学界所有的模型（和计算模型）都是先以一位具有代表性的理性经济人为基础，然后根据他的决定来预测经济动态，因此，要使模型更接近于现实并不是一件易事。科学界将这种研究方式称为“个人主义方法论”（Methodological individualism）。大多数经济学家目前仍然继续坚持“个人主义方法论”：重点是人类对原则上来讲已近稀缺的资源的使用是为了实现原则上来讲的既定目标，即如你预料的消费的增加。后来，所谓的基于代理模型[①]逐渐出现，它可以使不同的角色相互作用，但这种模型的确更为复杂，也需要更大的计算能力。

当然，科学理论只是将事情粗略地简化，别无他法。首先，理论只不过是对于世界的一种特别具象的解读，它依赖于现实中的个别方面，但有意识地认定其中的某些方面比其他方面更为重要，并且将余下的方面排除在外。这并非一种缺陷，只是理论被创造和执行的先决条件，也就是说，在被

① 大多数工程设计问题需要模拟实验来评估采用不同设计参数时的目标函数和约束函数。例如，为了找到最佳的机翼形状，常常针对不同的形状参数（长度、曲率、材料等）模拟机翼周围的气流。对于许多实际问题，单次模拟可能需要数分钟、数小时甚至数天才能完成。因此，类似设计优化、设计空间搜索、灵敏性分析和假设分析这种，需要数千甚至数百万次模拟的任务，直接对原模型求解将是不可能的。——译者注

另一个可能更好的理论取代之前，一个理论可以在看似混乱的世界中为人们创造清晰的答案。

毋庸置疑，亚当·斯密使用“看不见的手”这一比喻是有原因的。只是人们往往忘记，他的观察结论只是在英国小型手工车间和制造工厂相互交易的现实情况中得出的。在那个时代，规模庞大的跨国公司所带来的全球化还未出现。亚当·斯密的第二部伟大著作名为《道德情操论》，书中他描述了作为人类特质的共情能力，而这一点往往和斯密明确地呼吁制定监管法的主张一同被忽略了。也就是说，他并不认为市场能自行调节一切。

或是大卫·李嘉图永远不会知道，有朝一日会出现这样一个金融市场：市场内的资本可以在全球范围内自由流动，也无须再担心一个国家的生产条件。如今的市场也不仅仅局限于少数贸易伙伴和选定产品，而是将范围延伸至整个世界。一个参与自由贸易的国家将自动地与其他参与国产生竞争。我们进口的商品类型和大规模出口的商品类型是一样的。单个产品的相对成本差异不亚于整个经济体之间生产基本要求的绝对成本差异。以牺牲国内的社会或环境为代价来降低生产成本，以便在世界市场中获得价格优势的压力正在加剧。在把全世界的商品都变得越来越低廉的斗争中，比较优势达到了高潮——我们称之为竞争力。

那么查尔斯·达尔文呢？进化是一个选择、试错的过程，但它带来的总是多样性，而不是集中性。当然，强者和弱者有所不同，但适应能力和对自身生存环境的塑造才是决定性因素。但是如果我们基于这样的一个事实出发，即某些生态环境对于少数生物的生存而言是有利的，但是对于其他生物而言却是不利的，那么追求生态环境“总体上优越”的诉求就会降维为“依情况而定”。自然界的竞争总是仅限于局部的竞争，并不会遍及全球，也不会形成垄断。因为当条件发生变化时，有尽可能多的备选方案是好事。因此，对于整个生态的延续和新事物的产生来说，生境（生物栖息的场所）、生境中栖息的生物或解决方案显得极为重要。

这三位思想领袖的共同点是，后继者将他们的核心思想断章取义，并将其标榜为所谓的“经济学”的普遍规律。

为什么澄清这一点这么重要呢?

因为经济学不仅仅是几个活在自己的世界里，进行着无人问津的研究的教授的活动。恰恰相反，正是基于他们的科学假设，资产负债表才得以编制，公司的商业模式才得以建立，政策才得以制定，机构才得以成立，每个人才得以有意或无意地去调整自己的行为。经济学创造了评价体系，以判定某种事物是否划算，并定义了什么是进步。

长期以来，评论某物“不划算”或效率低下，难道不是人们对这件事情做出的最糟糕的评价之一吗?

而且，我们自二战以来所经历的不可思议的繁荣增长，难道不是证实了人们只需要遵循经济学知识就足够了吗？

人们总是把自己的生活建立在理论之上，建立在通过思考获得的对所谓现实的理解之上。如果一个理论只是在歪曲地描绘着站在试金石上的现实，这就不只是理论的毛病。一旦我们过于严格地遵循这种理论，在某些时候，理论也会产生出一种自己的现实，一种因其自身而导致的现实，或者说是一种虚幻现实。

这就是反思性科学要求理论反复更新的原因——如果整个操作系统被证明不再有效，我们就必须对其进行改变。

难道如今你还会遵循两百多年前的教学规则来教育你的孩子吗？

“理性经济人”不知道不同资源之间在质量方面的差异，不知道性别差异，不知道合作，不知道同情心，不知道责任，不了解个人层面，也不了解社会层面。确切地说，他甚至不了解什么是社会。没有人天生就是理性经济人，但是我们可以将作为社会性生物的人朝着这个方向培养，比如让他/她在这样的体系中成长，不断地对其作为理性经济人的行为给予奖励。理论决定实践。我们都倾向于找寻具有教育意义的故事，从而令我们的行为在别人看来是合理的，或者至少是合法的。因而，利己主义、肆无忌惮和冷酷无情就不该成为人类的特质，它们仅仅是抑制利他主义、与他人分享和热心肠等特质的教育的结果。

就大型公司的发展而言，全球最大公司的前律师杰米·甘伯（Jamie Gamble）总结道：由于对股票价值的激进取向，证券交易所的经理和领导在法律上遭受谴责，并称他们的行为具有反社会人格的特性。企业与员工和客户的关系，企业与其生产及销售地区的关系，以及企业行为对环境和后代的影响，在这里都微不足道。

但我们也看到，即便在企业之外，经济思维也已经迁移到了原本与经济无关的生活领域中。对病人、老人、孩子等群体的救济，就像对待教育、伴侣的选择，甚至自己的身体一样，都已成为经济思维逻辑的一部分。在慕尼黑的医院，儿童病房被关闭，因为治疗儿童需要花费太多时间。如今，无论治疗持续多长时间，医院都以按病例统一费率的形式收费。倾听、解释或安慰的时间越少，利润就越大。当我们去度假时，旅程必须轻松且令人兴奋，毕竟我们没有时间可以浪费。当我们有了后代，孩子们也必须有所作为，这样我们在他们身上投入的时间和精力才不会白费——从价值体系意义上看，有所作为自然意味着像投资银行家那样获得高收入，而不是像助产士那样为社会带来新的生命。当我们打开电视看到选秀节目时，候选者像商品一样展示自己，再由市场（观众）评判，决定他们的去留。当我们不想因为精神及业绩压力而感到倦怠，开始做瑜伽或冥想时，并不是为了去思考我们如何能逃离这个激烈的竞争——只是为了让自己重新变得更有效率、更能集中精力、更有成效、更具吸引力，这被称为自我优化。在不久之后的将来，这种自我优化机制有望以实用的方式，借助数字终端设备或植入物自动运行。毕竟，我们都是人力资本，必须时刻注意提高我们的市场价值。

这种现象不仅存在于社交媒体，人们已经了解销售和竞争的概念是如何渗透到各个生活领域的。只是它在社交媒体领域表现得更为明显一些。在这里，供需规律是内在的底层逻辑。据说，有些人只有通过不断地在谷歌上搜索自己的名字，计算粉丝、点赞和好友请求，才能体会到自我存在感。

人们如何摆脱这种状况呢？

当一个理论中只有一个基本前提改变时，其他事物会有什么变化？我们不妨看看，佛教是如何理解工作的。在西方世界的经济模式及其现代进步理念中，工作对雇主来说意味着成本，他们希望将成本降到最低。对雇员而言，工作意味着丧失自由和休闲，为此他们必须得到工资作为补偿。因此，对于双方而言，当雇主不再需要向雇员支付工资，而雇员也可以在不用付出的情况下获得工资，这便是他们的理想世界。

与此相反，佛教认为，工作是支持人们发展自身能力的所在。工作将人与人联系在一起，并且避免人们在自我中心主义中迷失。此外，工作制造商品和提供服务，这对于人的生存尊严来说是必要的和人们所渴盼的。因此，这样一种世界的理想并不是提高产量以尽可能地获取最低价，这是所谓的劳作社会，以确保普遍福祉。重要的不是实现自动化，而是让人有所作为，技术只是用来减轻人的负担的一种辅助。当然，增强人类力量或能力的工具与夺走人类工作的机器之间是有区别的。在佛教的世界观中，不惜代价地以尽可能快的方式产出尽可能多的货物的工作组织方式却是一种失去，因为它更重视产量而不是人，更重视利润和产品而不是经验和关系。

你发现了吗？要想重新思考这个世界，有时只需要改变对一件事的评价就足够了。

现居英国的德国经济学家恩斯特·弗里德里希·舒马赫（Ernst Friedrich Schumacher），在20世纪50年代中期担任缅甸的经济顾问之后，对佛教经济学进行了描述。他的《小即美》(*Small is Beautiful*)一书，其德语版以一个很棒的题目《回归人类的尺度》(*Rückkehr zum menschlichen Maß*)命名，早在相关概念出现之前，它就被认为是关于可持续经营的最有影响力的书籍之一。该书于20世纪70年代初出版并迅速畅销，书中描述的未来，似乎对如今我们还询问自己的问题给出了答案。

但他却从未获得诺贝尔奖。

直至今日，经济学顶级期刊中也几乎没有任何涉及探究或是质疑自己的世界观的文章。在此背景之下，令我印象深刻的是经济合作与发展组织（OECD）于2019年9月举办的“防止系统性崩溃”会议。“应对经济挑战的新方法”（NAEC）小型工作组提交了进一步的报告。报告中总结了一长串关于理性经济人模式的不足之处的经验性认知，并表明，资本可替代性理念在处理自然问题时收效甚微，同样，经济增长会带来更多的包容性、更多的公平性或更高的生活质量的希望也未卜。

还没等工作组展示结论，美国国家代表就举手发言，提醒NAEC的项目主管，这种意识形态上的偏差不符合经合组织的创始理念。毕竟，经合组织的任务是由提供资助的成员国规定的。那么大多数的首席执行官（CEO）呢？根据杰米·甘伯（Jamie Gamble）的说法，对于未来的企业应该在其自身与员工、客户、地区、环境和后代的关系中承担法律责任的建议，CEO们并不感兴趣。

“我从不感到气馁，”舒马赫曾写道，“我也许无法唤起能够把我们或是这艘船带到更好的世界的东风，但我至少可以扬起帆，以便在东风来时，抓住它。”

但如今，经合组织已经唤来了一点东风——甚至可能会遭到美国的否决。无论如何，经合组织的座右铭已经从“以更好的政策推动增长”变成了“以更好的政策促进更美好的生活”。

经济学界的大多数人仍然认为，人类是自私的生物，只关心自身的利益，却由此奇迹般地为所有人创造了繁荣。这种看待人类的方式是错误的，且亟待更新。一个奖励自私的体系会教育人们走向自私。我们需要价值观的新视角，鼓励那些以合作的方式朝气蓬勃地生活的人们。

思考四

增长与发展

世界正面临着三大生存危机：气候危机、不平等危机和民主危机。尽管如此，我们衡量经济进步的既定方式却丝毫没有表明，我们可能存在问题。

约瑟夫·斯蒂格利茨（Joseph Stiglitz, Ökonom），经济学家

卡斯滕·施万克（Karsten Schwanke）是德国电视一台《今日新闻》(*Tagesschau*)节目播报之前介绍天气的气象学家之一。向观众介绍有趣的天气现象也是这档节目的内容。施万克可以在三四分钟内解释清楚，为什么彩虹是弯曲的，或者为什么云朵不会从天上掉下来。即便之前人们从未问过自己这些问题，也会突然对答案感到好奇。长期以来，施万克也一直在这档天气节目中研究气候变化。他解释了为什么南极洲的冰川正在融化，尽管那里的气温从未超过零度，或是德国干旱与加利福尼亚州森林火灾及意大利洪灾之间有什么联系。他的讲解表明，人们司空见惯的事物，如天气一样无害的事物，或许有一天带来的就是世界末日。这正如人们在早高峰通勤时，两个男人突然爬上载着人们去上班的地铁车顶一样令人恼火。

在社交网络中，施万克解释气候变化的节目成了绝对热门。即便在节目播出后的几个月后，节目视频仍然得到了数万次的分享及数百万次的观看。在此期间，甚至有观众向德国电视一台倡议，希望能将其做成一档在《今日新闻》之前的独立节目——“八点前谈气候”。

一方面，作为一名可持续发展学家，我也早已做此建议，因为这将使气候话题更加重要，并且在我们日常关注的重要信息中占据一席之地。另一方面，作为一名政治经济学家，如果每日气候报告直接跟在证券交易之后播出，将是特别棒的一件事。

从股票增长曲线到二氧化碳增长曲线，这将使人类经济体系的气候成本在几分钟的黄金档内直观且生动地显现出来。

自 1958 年以来，位于夏威夷岛的莫纳罗亚气象观测站一直在测量地球大气中的二氧化碳含量。该气象站特地远离任何文明，建在莫纳罗亚火山的背风侧，海拔高达 3,000 多米，距离美国大陆约 4,000 公里。因此，这里不存在任何伪造的测量结果。直至今日，这组数据已经以这种方式持续收集并记录了 60 多年，成为世界上最有价值的数据之一。

由测量结果曲线可知，二氧化碳浓度曲线几乎是持续上升的。只有三个例外情况——20 世纪 70 年代中期、20 世纪 90 年代初及 2008 年之后，曲线的走势略微平坦。

为什么是这几个时间点呢？

20 世纪 70 年代中期，石油危机爆发，当时的阿拉伯国家只削减了 5% 的石油开采量，结果石油价格在短时间内几乎翻了一番。20 世纪 90 年代初，苏联解体，距今 12 年前爆发的那场金融危机使得许多国家的 GDP 增长减缓。政治意义上截然不同的事件，其经济意义却相差无几：减少生产、减少运输、减少消费，也因此减少了二氧化碳的排放。

换言之：经济萎缩，气候变化就会减缓；经济增长，气候变化则会加速。或简而言之：目前的经济增长形式即意味着气候变化，而更大力度的经济增长则意味着更大幅度的气候变化。

这便是人类文明的致命逻辑。你觉得难以置信吗？

那么你可以将莫纳罗亚曲线与过去 60 年的全球经济产出曲线进行比较。你不仅可以看到，两条曲线不断上升，同时也会发现，二氧化碳的减排成果在总量上并不足以改变整体状况。正如物理学家亨利克·诺德伯格（Henrik Nordborg）在他的文章《一个幽灵正困扰着世界——事实的幽灵》中所指出的那样，两条曲线的走势几乎重合。

这是我们必须面对的一个令人不快的现象。另一个事实是，迄今为止，我们所有试图打破这种联系的努力都没有取得完全意义上的成功。

无论是《京都议定书》，或是《巴黎协定》，还是扩大可再生能源的开发利用规模，都无法阻止大气中二氧化碳浓度的增长。

那么对原材料开采、森林砍伐、生物多样性的丧失或塑料垃圾的测量结果又是怎样的呢？都是同样的模式，到处都是同样的发展：曲线形状像曲棍球棒一样向上。

这是一份令人沮丧的收支结算表，但归根结底它却不足为奇。只要人类坚持进行越来越多的经济生产活动，那么我们无论在某处为自己或环境取得的任何进步，其最终的结局也只是会在另一处被抹去。

这是否主要归因于这一时期的世界人口激增？是的，也有这个原因。然而，以德国为例，几十年来，德国人口数量并没有明显增长，有一段时间甚至出现了人口数量下降。德国是气候保护的先驱，但主要原因却是民主德国的工业体系崩溃所导致的二氧化碳大量减排。当然，也有许多技术改进和回收利用方面的进步，经济产出与所需能源及资源总量的关系因此得以显著改善：一台冰箱、一辆汽车、一个散热器将不再占据如此高额的成本。但总体而言，自 1990 年以来，电力需求还是增长了 10% 以上，而能源消耗却仅仅降低了约 3%。

这正是 1972 年《增长的极限》研究报告中的预测直到今天依然正确的原因：经济产出的增长是有限的，因为我们可以从地球上夺取和附加的程度也是有限的。然而，我们在衡量经济产出（也就是增长）的时候，仍然没有考虑到这些新出现的物理限制。

国内生产总值（GDP）所包含的仅仅只是一个国家在一年内生产或提供的所有商品及服务的总价值。250 年前，当 GDP 概念在英国被创造时，人们仅对土地、牲畜和国库进行了区分。然而在二战时期，当美国政府想要更确切地知道，其经济究竟能以多快的速度完成必要的军备扩充时，GDP 概念才被明确地用于政治目的。从那时起，GDP 成为衡量经济发展及繁荣的关键指标。从一个概念变成了一个数字，根据一个数字来做出决定、制定政策，这就是一个社会的导向。最后遍及整个社会数字背后隐藏的价值损失和环境损害仍然被掩盖起来。

有哪些相关的例子呢？

当油轮泄漏，一片海岸受油侵害污染时，GDP 就会增加，因为因此就会有公司前来，把油从海滩上清除，公司提供了服务。油污染对生态系统造成的损害却并不会反映在 GDP 中，因为正如我们所见，只要自然界只是简单地存在，它便不会出现在任何经济领域的资产负债表上。与之相反，当父母在孩子出生后的一段时间内居家不上班时，GDP 则会下降。因为在 GDP 中，孩子和父母共同生活的幸福感根本无关紧要。对于我们用这一指标所描述的内容，约翰·肯尼迪的兄弟罗伯特·肯尼迪在 1968 年做出了也许是最令人印象深刻的定义：“国内生产总值所衡量的是除了使生活有价值以外的一切。”

然而，大多数的经济学教科书都会做出假设，资产负债表在整体上为正数。这当然与理性经济人密不可分，众所周知，他不仅自私而且贪得无厌。由此，个人收益来自更高的消费或更少的工作。

回过头来看，在一个人口稀疏、物质财富匮乏、自然风光无限的“空的世界”里，人们自然会假设：提高生产也会带来许多积极效益。我们基于这一理念所建立的经济体系，旨在以生产来实现经济增长、投资增长，并以创新促进更多生产。更多的生产意味着为消费者带来更多益处。在旧的现实世界中，人们很容易理解这种经济进步思维等式，而我所指的旧的现实世界是指，大多数人仍然依靠少得可怜的财富来维持生计。如今，这个等式依然适用于各国，适用于那些缺乏充足的食物、安全的住所、衣物、医疗资源及能源的人。

但你是否还记得伊斯特林悖论？

这一等式在到达某一定点时失效了，对人们来说，从某个饱和点开始，每增加的每一分欧元和每一件财产就不再具有与饱和点之前的欧元和财产一样的附加值了。

然而，以实现增长为导向的经济体系完全不关心这一点。在这一经济体系内，人们是否能够在某个时候实现所谓的“足够”并没有被考虑在内。我们正处于这样一个节点：最初打算为人们更好地提供其切实需要的商品和服务的想法，如今已不再是经济活动的真正目标。我们歪曲了方式和目的，尽管人们在日常生活中可能没有意识到这一点。有趣的是，我们却清楚地知道，在这个体系中，为实现更多的增长，什么人应该完成什么任务。此外，每个人都希望他人也能做出相应的行为，否则便会导致不满。

难道不是这样吗？

那么大家可以设想一下，如果苹果公司停止定期发售新款 iPhone，无论新款是否真的比旧款更实用，股票市场会做何反应。如果因此导致手机的税收政策法规突然被修改，苹果公司会如何发声。如果因此导致手机销量减少，投资者会如何抱怨。还有，如果因此削减了工作岗位，苹果员工会做何感想，因为无论如何他们都得为投资者服务。除此之外，这还可能导致新手机的购买力下降。

公司必须生产新产品，消费者必须购买新产品，工程师必须开发新产品，然后借助广告将其推入市场，而银行必须发放贷款。政治家必须创造所谓的基本环境与条件，这实际上意味着他们避免做任何可能会危及经济增长的事，而为此就要支出金钱，因为似乎只有经济增长才能保证就业、投资和税收。因此，在这个体系中，每个人都必须为经济增长做出贡献，正如每个人都得指望，大家都要做到步调一致才行。

这便是人们在《每日新闻》之前先看股市报告的原

因——即便他们并未持有任何股票，却认为自己可以获悉一些关于增长和未来状况的信息。只要曲线不断上升，一切似乎进展顺利。可实际上，这些曲线所透露的关于人类福祉的信息少之又少，对未来状况更是一无所知。

在英国经济之父的旧的现实世界中，对于新产品是如何持续产生的问题无人问津。因此，这在最初听起来像是一条完美的上升螺线。

可问题正在于：这并不完美。

正如在“自然与生活”章节中所见的那样，人类所组织的经济活动不是一个循环，而是像一条安装在世界各地的巨大传送带，首先装载原材料和能源，中途将其转化为货物，最后变为金钱或垃圾被再次卸载。

因此，在旧的现实中，人们预言这种经济形式将产生“最大多数人的最大幸福”。这便是18世纪的又一位英国思想家杰里米·边沁（Jeremy Bentham）所制定的功利主义的指导思想。这样的哲学思想呈现出了一种道德观点，即以结果来判断所选择的方式：只要经济形式能给更多的人带来更大的幸福，那便没有问题。在他的代表作《道德与立法原理导论》（1789年）中，边沁所认为的幸福即人们拥有尽可能多的积极情感和尽可能少的消极情感。与他同时代的经济学家则通过货币价值确立了幸福的可衡量性——或者说是功利性或实用性：商品价值或收入代表着利益。

在《国富论》的第一章中，亚当·斯密就已经对最多数的人如何分享利益做出了解释：“在治理良好的社会，分工使得各种行业的产量倍增，普遍的富裕可以惠及最底层的劳苦大众。”

反过来说：为了使穷人得到更多的蛋糕，蛋糕也必须越做越大。

尽管亚当·斯密所表述的“治理良好的社会”实际上是对国王的嘲讽，在他看来，国王不应该参与经济活动并滥用特权。即便当国家不再是由君主统治，而是成为民主国家时，这种想法仍然受用。斯密认为，民主国家的任务是限制大人物的权力。如今，这个信条仍然有效：市场是创造价值更好的组织形式。国家和市场间的明确分工始终是激烈争论的主题，尤其是在关于“黑零”[①]预算政策、国家投资活动、适度国债或中央银行货币使用的讨论中，围绕二者分工的讨论达到了顶峰。

20世纪70年代以来，呼吁给予私营部门尽可能多自由的经济学家们就已经具备影响力。在他们看来，国家不应该干预经济，因为市场会最有效地分配资源，最恰当地平衡供求关系，从而会使经济增长加速，便于分配更多资源。与此同时，经济学家们还要求不对富人征收重税，以便于其投资、

① 德国政府以收支平衡或盈余为目标的财政政策。——译者注

创造新的就业机会、向员工支付更高的工资，以此，他们的利润能够渗透到社会底层。

在国家过多的监管之后，又需要更多的市场来恢复上述亚当·斯密的消滴效应[①]。

涓滴效应的说法在美国总统约翰·肯尼迪（John F. Kennedy）和罗纳德·里根（Ronald Reagan）的演讲中以及英国撒切尔夫人（Margaret Thatcher）的报告中都曾出现过。自20世纪80年代以来，许多国家都将涓滴效应作为理由以支持其推行的一系列政策：降低最高税率、财产税及遗产税，国有企业私有化，最终再通过对金融市场放松管制（即金融市场由此不再严格受控）为前所未有的金融“产品”的诞生创造政治前提。

“水涨船高”正是与这种经济政策相关的故事。

很快地，50年后，人们不得不认识到这种预期无法实现。尽管在牛津大学所创办的“用数据看世界（Our World in Data）”网站上，一些令人印象深刻的数据反复出现。据此数据，世界贫困人口比例已从1820年的94%下降到如今的10%。在达沃斯商业精英年度会议上，前任微软CEO比尔·盖茨（Bill Gates）和心理学教授、畅销书作家史蒂芬·平克（Steven Pinker）都以功利主义口吻宣布，如果背后的经

① Trickle-Down effect，也称作“涓滴理论”（又译作利益均沾论、渗漏理论、滴漏理论）。——译者注

济模式在减少全球贫困方面也行之有效，那么将不存在关于不平等和财富集中的抱怨。尤其是史蒂芬·平克，迄今为止，他仍不愿认真对待生态危机给人类带来的问题。

然而，一位在处理数据方面具有取证倾向的人类学家杰森·希克尔（Jason Hickel），也对贫困数字提出了异议。希克尔得出结论，只有自 1981 年起，才存在可靠的全球贫困水平数据记录。此外他明确表示，根据通用的世界银行标准，超过国际贫困线标准则不存在“极端贫困”的说法极具争议。毕竟，根据 2011 年制定的贫困线标准，在美国每人每天以 1.9 美元的生活支出来获取健康食物、住房和医疗保健，似乎是一个相当大胆的假设。如果将贫困线标准提高到如今许多学者认为的体面的生活，那么每日生活支出将是 7.4 至 15 美元。成功的故事变成了失败案例：按 7.4 美元的标准计算，2019 年有整整 42 亿人生活在贫困线之下，甚至超过了 1981 年的人数。

同期，世界 GDP 从 28.4 万亿美元增长至 82.6 万亿美元。但是，每多出一美元，只有其中的 5% 进入到 60% 的世界底层人口的口袋。你知道自 1981 年以来，生活水平超过贫困线标准的大多数人所居何处吗？

在中国。

如果我们将这部分人从统计数据中剔除，增长模式的市场激进主义的变体便显得不那么像涓滴效应了。不仅生活在贫困线以下的人口远超 1981 年，而且在不断增长的世界人口中，穷人比例也停滞在了 60%。此外，工业化国家的收入和财富不平等自 1980 年以来再次加剧。在过去的一个世纪里，这种不平等已经有所缓解。

如今，富人和联合企业的税率正处于几十年来的最低水平，亿万富翁的数量正在迅速增长。托马斯·皮凯蒂（Thomas Piketty）在其广受赞誉的《21 世纪资本论》一书中也总结了这一信息，并由此促使罗伯特·索洛等市场导向型经济学家开始谈论新兴的财阀统治现象。与世界其他地方相比，这种趋势在欧洲的发展并没有那么激烈，但是在德国，所有的不平等指标也在上升。

与期望截然不同，富人并没有把节省的税费用于投资生产性活动，而是接管了大量公共资产，如基础设施及楼房。所谓的私有化意味着在过去的 50 年里，富裕国家的个人净资产占国民收入的比例从 200%~350%（1970 年）上升至 400%~700%（2018 年），而公共净收入却下降了。因此，在这样的增长形势之下，尽管国家日渐富有，政府却愈发贫穷了。金融资本的使用由生产性转变为非生产性：资产使用费以租金或租赁的形式增长，并没有创造新的价值。

另一个备受欢迎的资本过剩之地是股票市场。在那里，用钱生钱比工作来得更容易。过去 10 年间，美国最大的 500 家公司花了 5 万亿美元购买自有股份，其中 450 家公司为此投入了过半的利润。尤其是特朗普政府的减税政策将其进一步推进：仅在2018年，就有1万亿美元以这种方式进行投资。归根结底，其成效不外乎是数字把戏——市场上的股票数量减少，单股价格由此上升。在公司丝毫未变的情况下，却看似比之前更成功了。按照这一业绩计算的公司领导人奖金当然也随之增加。在我们的新的现实中还出现了两条漂亮的曲棍球棒式的曲线，而这两条曲线只展示了其中的一小部分而已。

与此相反，在金融危机到来之前，穷人因购房不良贷款负债累累。当房地产泡沫最终破裂时，穷人又失去了房子。于是，国家不得不启用税收资金，以救助贷款人。由此，这种高风险游戏的利润被私有化并留存在少数人手中，而损失则被社会化，转嫁给普通民众。

就好像虽然都是水涨船高，但是潮水抬高游艇的速度却明显快于抬高小船的速度。自从中央银行发行大量廉价货币应对金融危机之后，1%最高层的资产和收入几乎直线上升。

尽管存在各种不同的断言，但现行系统的真正目的在于：销量、利润和财产都将不计成本地无止境增长。

这种情况在有些地方早已屡见不鲜。我永远不会忘记，2019年夏天，我们在纽约联合国总部讨论为所有儿童提供初级教育每年所缺的390亿资金的问题。与此同时，250米外的摩根大通银行宣布将在几个月内向其股东分配400亿欧元——因为它不知道该把资金投向何处。

在有足够的钱令许多穷人获得更多幸福之前，并不缺少经济进一步增长的可能。缺少的是将资金增长与价值创造更加明确地重新联系起来，并减少攫取不劳而获的收入的那种经济和政治上的意愿。

我所言何意呢？

在谈及增长时，我们应该问自己三个重要的问题：

商品和服务是如何产生的？它们如何到达客户手中？经过这一过程之后，利润方面会怎样？

有一点毫无疑问：有很多行为主体参与其中，希望通过自己的贡献得到回报。但是，如果在此过程中的所有参与者都只追求自己的利益，在衡量自身利益时只认定金钱这一单一指标，那会发生什么？经济学家玛丽安娜·马祖卡托（Mariana Mazzucato）在其作品《增长的悖论》中探讨了这个问题。此外，她还深入研究了经济思想史，追溯了不同思想家如何解释附加值和繁荣的出现。

直至19世纪，在亚当·斯密和大卫·李嘉图的作品中均可见到，在新创造价值的核算方面，一直存在着一种类似于客观基础的东西。它可能是土地和材料的数量，所需的工具和技术设备，或是工作时长及工作质量。价值是这些资源各自有效组合的结果。即使没有人愿意或能够为一件物品或一项服务支付商家要求的价格，它们的价值也不会因此而减少。因为价格是以物易物的产物，利益、权力关系和政治框架条件早已融入其中。然而，某些物品和服务对于人类生活来说，尽管实际上不用付出任何成本，但其价值却是巨大的。亚当·斯密以“钻石与水悖论”① 指明了这一点。

除了这些生产性活动以外，一些非生产性活动也早已众所周知。在非生产性活动中，现有物品被来回推移——比如贸易或资金分配。人们为此规划了一笔费用，但这里指的不是生产性的新创造价值。与金融家的追求相反，斯密认为，非生产性活动报酬应该保持在较低水平。[22]

从功利主义和经济学的数学化角度看，价值和价格间的区别逐渐消失：追求利益最大化的理性经济人只会为事物付出与其带来的附加值相当数量的金钱。因此，事物的价值是由其市场价格决定的，而与其内容或质量不再相关。价格即价值。主观偏好（买方）击败客观资源，交换价值与使用价值脱钩。

① 亦称价值悖论。意思是：没什么东西比水更有用，能用它交换的货物却非常有限，很少的东西就可以换到水；相反，钻石没有什么用处，但可以用它换来大量的货品。首次由约翰·劳提提出，后来亚当·斯密试图说明价值决定因素时借用了这个例子。钻石与水悖论，即是中国俗谚中的：物以稀为贵。根据这一现象，亚当·斯密用价值论来解释，即交换价值和使用价值。水的使用价值很高，但几乎没有交换价值；相反，钻石虽然使用价值很低，但交换价值却很高。——译者注

这样一来，人们完全可以通过协议来创造出新的价值。马祖卡托表示，这种方式也助长了许多不为人知的不劳而获的收入，这些收入来自交易过程中不成比例的收费。你有没有注意到功利主义者现在发生什么变化了吗？那便是：在社会中，为最多数人的利益创造出新的价值可能会变得非常昂贵。

马祖卡托以制药业为例，清晰地指出：因为当市面上有人愿意花费 15,000 欧元购买一种新型抗癌药时，新药品就具备了这样的“价值”，并且向医疗保险公司索要这个价格也成了合法要求。也许新药品的药效与市场上长期存在的药品相差无几，这并无关紧要。人们会为了保命而不计代价，也没有关系。价格所反映的是对权力地位的利用，而不是附加值的创造。公司合并后，再看看药品价格的涨幅情况，你一定会诧异于少数几位新的物主对所收购产品的价值重新定价的方式。

然而，对于公司的增长指标及 GDP 来说，“价值”是不是新创造的根本无所谓。与之相反，更高的总额会促进成功和进步。因此，在交换价值经济学的世界观中，要反对这种做法仍然非常困难。

在主观价值理论中，高收入人群不仅可以自诩成功，还可以声称自己为社会创造了高附加值。然而，从理论上来讲，这里存在着所谓的循环论证：收益的合理性在于生产了有价值的物品，而物品的价值又取决于收益。

然后突然间，循环关闭了。

这个循环中不再包括以下问题：分配公平、尽可能多地创造经济价值以及创造出社会期望的价值。我对马祖卡托的声名赫赫并不感到惊讶，正如《经理人杂志》（*Manager Magazine*）所描述的那样：她是“一位吊销了商业精英用以炫耀自己的许可证的经济学家”。[23] 以摩根大通银行为例，它仅仅通过计算机程序进行的投机性高速交易就赚到了 400 亿欧元，并且可能导致整个经济陷入瘫痪。货币价值意味着新创造的价值。货币价值的生产者也因此相当有成效地赚取了利润，也难怪期票或股票基金常被称为金融“产品”。自 20 世纪 70 年代以来，金融部门的活动被纳入国内生产总值的计算中，与对金融部门施行更加自由的放松管制措施并行。这种增长令人印象深刻。随着时间的推移，为实体经济服务的非生产性资源转移已经成为一种高度有利可图的新商业模式。人们再次清楚地认识到这种模式是如何运转的：通过预期收益去影响实体经济中普遍存在的生产过程、薪酬规则和技术。

我认为，在价格和价值的关系上，我们需要更多的透明度和启发。

比如，马祖卡托所传递的信息应该得到更多的讨论：通过有针对性地防止不劳而获的价值攫取，并根据更客观的价值理念清算资产负债表，才能使更加可持续的经济形式得以实现。在这种无视价值的增长模式在全球范围内引发越来越多的危机症状之前，我们应当更加细致地讨论和寻求到底怎样才会带来社会进步及经济的良好运行。在此之后，但愿我们会开始重新思考我们的概念和价值观，以及评估哪些变化是可行或可取的。

从产品到过程。

从单向传送带到循环运转。

从局部到整体。

从开采到再生。

从竞争到合作。

从失调到平衡。

从金钱到价值。

我们通过语言及其概念，表达我们想要实现的以及我们所关注的。因此，发展一个概念或理论，意味着为给思维界定边界，进而界定我们塑造未来的可能性空间。因为我们每一天都在通过我们的创新和技术，通过我们的行为和决定，通过我们为自己设定的共存规则塑造未来。起决定性作用的是，我们将它们同哪些目标结合起来。

在资源有限的世界里，依靠不断增长的经济发展模式是不可持续的。我们需要重新探讨，什么能够让未来的人们繁

荣昌盛。为此，我们需要新的概念和方案，来表达我们认为在未来重要的东西。对地球的破坏绝不能再被称作增长。单纯的货币增多不再是价值创造。增长的边界应意味着筑起一道保护生态和社会不被破坏的屏障。

思考五

技术进步

工业革命和科学革命的综合效应具有双重破坏性，既改变了社会结构，也改变了人们解释世界的方式。

杰里米 · 伦特（Jeremy Lent），企业家、作家世界的电气化始于灯泡。在很长的一段时间里，电灯被视为一种奢侈品，主要供酒店、办公室和剧院使用，然而到了 19 世纪末，电灯越来越多地出现在富人家庭中。白炽灯是第一个私人家庭接入电网的电气产品。第一批灯泡的能效低下，大部分能量被转化为热量而不是光能。但比起煤气灯或蜡烛，白炽灯的发明无疑是人工照明的一大进步，同时也使得人类不再依赖日光生活。

几十年后，工程师们终于成功使用重金属钨制成的灯丝取代了曾长期使用的碳丝。钨丝不会很快就燃尽，而且发出的光还更加明亮。这是一次效率上的进步。钨丝灯只需消耗碳丝灯四分之一的电力，但却具有相同的光效。然而，对于当时的电力公司来说，这却是个可怕的消息。

当这种新型灯泡于 20 世纪初在英国上市时，英国电力供应商十分担心他们的业务会遭遇滑铁卢，这乍一听似乎很合理。如果人们用较少的电就可以获得同样的光效，那么用电量就必然会下降，因此，一些电力供应商考虑提高电价以弥补损失。

有趣的是，实际情况恰恰相反。

由于耗电量降低，市场上的电力供应增多，从而导致电价下降，人们此前负担不起的电灯突然间成了可负担的东西。从奢侈品变成了大众产品，这当然也是一种进步。然而矛盾的是，钨丝灯泡的出现，导致了人们对电力的总需求突增，而实际上，恰恰是这种相较于前代灯泡所需消耗的能量更少的灯泡带来了能耗激增。能效提高，不外乎用更少能量获得更多产出，但最终却导致了能耗增加。

科学界将此称为“反弹效应”。它是通往可持续经济道路上最被低估的障碍之一。

如果今天问问人们，进步意味着什么，大多数人首先且可能只想到技术进步。这不足为奇。谋杀和激烈的争吵已不是人们解决冲突所选择的手段，而是交由法律惩处；女性不再被当作女巫烧死在火刑柱上，而是在大多数国家拥有了投票权和被选举权，至少可以正式过上与男性平等的生活；科学被认为是一种知识方法，科学上的发现也可以用来证明政治决策的合理性。换句话说，社会进步也是存在的，但似乎不太容易被感知到。谈到社会进步，对于如何评判发展的好坏，人们也存在着较大的分歧。大多数情况下，这种评估与个人身份直接相关，通常也与各自的社会地位有关。然而，理想的共存的基本理念显然已经趋于一致，并在《联合国人权宣言》[1]或全球可持续发展目标，即《联合国可持续发展目标》（SDGs）[2]等文件中得到表达。有时也会出现倒退，尤其是在今天，在许多社会中显而易见的是，人们对于到底该做什么极具争议。

另一方面，技术进步将人类的历史讲述为一段成功的历史，一段从手斧发展到人工智能手机的成功史。人类在此过程中发明和发展出的任何东西，都扩大了人类的可能性，并证明了他们选择的是一条正确的道路。

还记得本书“新的现实”那一章吗？在“空的世界”的条件下，那时少数人拥有着更大的地球，技术进步主要代表着这样一种经验，即通过化石能源驱动机器可简化体力劳动，在更短的时间内，生产出更多更好的产品。驱动系统成为工厂、大规模生产的引擎，从而成为增长机器。

现代发展理念正是以这种对进步的机械性和技术性的理解为特征的：重点在于新，在拉丁语中意为“现代”（modernus），与旧的相区别。发展方向在过去和如今都在扩大：新就意味着更多，也意味着更有力量、更强大、更高产。

在“满的世界”的条件下，化石经济正威胁着人类的生

---

① 原文直译为《联合国人权宣言》，作者实际意指《全球人权宣言》。——译者注

② 联合国可持续发展目标（Sustainable Development Goals），缩写 SDGs。——译者注

存基础，因此技术进步被赋予了一项额外的任务，即集约化：更新意味着从更少的东西中获得更多，从而在不破坏环境的前提下，确保和进一步促进经济增长。效率提升已成为明确的目标，这个目标不仅以货币价值来衡量，还需要用二氧化碳强度或增长的资源强度来衡量。这已经比罗伯特·索洛和资本可替代性理念更进一步了。

我们通常所说的解决全球环境问题指的是：从气候变化到物种灭绝，再到所有自然系统的全面枯竭要依靠创新和技术突破，而不是政府的禁令和规则。

技术进步为耗尽自然以实现物质增长提供助力。如今，技术应该帮助人类降低对自然的疯狂掠夺，并让 GDP 继续保持增长，在不牺牲繁荣的情况下拯救地球，在没有损失的情况下保持可持续发展。相反，这甚至是值得的：因为即使价格远远没有反映出生态的真理，降低资源消耗在经济上也是有利的。这就是所谓的简单脱钩的概念，在很长一段时间内，许多人都热衷于此，因为人们好像可以在不知不觉中实现改变。

一切照旧，却只是更高效了。

这能行得通吗？

早在 150 年前，英国经济学家威廉姆·斯坦利·杰文斯就指出，仅有技术进步是不够的。杰文斯观察到，在 19 世纪初，尽管詹姆斯·瓦特已经改良了蒸汽机，使其耗煤量减少三分之二，但英国的煤炭消耗量仍迅猛增长。后来的白炽灯也是如此。一项新技术因为节约资源而得到广泛运用，但这却又反过来导致消费量的全面增长，从而抵消甚至超出了净节约。

“有效利用燃料就等同于减少消费，这完全是误导人的观点。事实恰恰相反。”杰文斯总结了后期被称为“杰文斯悖论”（Jevons-Paradox）的观点，也就是后来人们所经历的“反弹效应”。

对于英国来说，这种认识具有巨大的意义，因为当年的英国就是几乎完全依赖国内煤炭以实现其工业化和经济腾飞的。更高效的机器似乎不仅无法减缓其自身原材料储备的消耗，在更便宜的价格和由此产生的更多高耗能产品之间的增长螺旋中，它们实际上加速了消耗。更高效的机器非但没有推迟能源危机，反而使危机更加临近。

现在我们该如何是好？

百年前，在全人类意识到他们正身处于新的现实中，不是在一个“空的世界”，而是在一个“满的世界”中生活之前，英国人早已在国家层面上面临着同样的煤炭问题。

想知道他们想出了什么解决方案吗？

没有方案——因为其他东西阻碍了他们的思考。

什么东西呢？石油。

然而，美国仅在几十年后便发现，石油可以作为一种新能源使用，之后在殖民地的储量开采风靡起来。这开启了一个能源似乎取之不尽、用之不竭的新时代。“反弹效应”因此被抛诸脑后。额外的石油为无止境的经济增长的想法提供了推进剂，而经济的增长又似乎成了人类持续繁荣的推动力。对大多数西方社会来说，最迟在第二次世界大战之后，这不仅是一种普遍的期望，而且通常也得到了证实。对大多数非西方社会来说，这是一个他们渴望的模式，且竭力效仿之。

在这种情况下，近百年来没有人对“反弹效应”感兴趣也就不足为奇了。但近年来，这种情况也没有发生天翻地覆的变化。因为简单脱钩的梦想正在越来越明显地走向失败。

让我们以汽车为例。

一辆普通的大众甲壳虫（VW Käfer）汽车每 100 公里消耗 7.5 升汽油。20 世纪 90 年代末，大众公司将原版甲壳虫经过重新设计作为（Beetle）再次推出时，它的耗油量几乎与以前完全相同。然而，在两种车型之间却清楚地横亘着 40 年的技术发展、工程进步和对效率的追求。

所有的这些都体现在哪里呢？

当然是在汽车的驱动系统上。新款甲壳虫不再像老版甲壳虫那样只有 30 马力，而是 90 马力或 115 马力——取决于发动机型号。新款甲壳虫的最高速度不再是 110 公里 / 小时，而是 160 公里 / 小时。本来可以降低的能耗却花在了额外的功率上。能源没有节省，材料也没有节省，相反，汽车的重量不再是 739 千克，而是 1200 千克。

甲壳虫的变迁是一个很好的例子，这说明反弹效应具有多面性。新款甲壳虫是这样一种产品的代表：在某个层面上几乎每一次效率的提升，能源至少都会被消耗一部分。

这种消耗可能在使用过程中直接产生。例如，有人买了辆省油的汽车，之后就会更频繁地使用，驾车去郊游或是到绿地上的购物中心，而不再步行到市中心的商店。也许他甚至会在另一个城市找一份高薪工作，并且开车两地通勤。也可能产生间接消耗，比如有人用省下来的生活费购买一些以前负担不起的东西，一部新手机、一次周末飞机旅行，或为自己的伴侣购买第二辆经济型汽车。

在生产者层面也存在同样的情况。他们可以把制造过程中节省的能源用于例如增加生产，从而在市场上投放更多的汽车。他们可以提供像新版甲壳虫那样功能更强的新品，或者开发像 SUV 那样的全新车型。然后，所有小型车的车主都觉得自己的车不太安全，或者羡慕 SUV 车主所体现的社会地位，或是 SUV 拥有更大的内部空间。更大的私人内部空间自然而然意味着更少的公共室外空间，这些供行人、骑自行车的人使用的公共室外空间或其他用途的空间最终将不得不扩大。

电动汽车由于排放的破坏气候的二氧化碳量较少而被

认为是环保出行的替代品，即便是在使用绿色电力充电的情况下，在这一产品中也同样存在反弹效应。一方面，生产电池需要能源，当然也需要稀土，而稀土的采集和提纯对自然环境破坏非常大；另一方面，建造充电桩也需要能源和材料。

像奥迪 E-tron 这样的电动汽车是一款重量超过 2.5 吨的城市越野车，它的电池必须重达 700 公斤，才能让这辆巨大的汽车行驶起来。这表明技术可能使事物变得更快，甚至更有效率，但技术不会自动使事物变得更好。仅为大型电动汽车生产 100 千瓦时的蓄电池就会产生 6 至 10 吨的二氧化碳。要达到这个二氧化碳排放量，一辆具有平均里程数的经济型汽油车或柴油车需要在路上行驶四年。那些只看单个产品，甚至只看产品某一方面的人，就没有意识到我们是在一个整体框架内行动的。整体框架思维即是要考虑到在这个更大的结构中应当做出怎样的变化，而在这个更大的结构当中早已植入了诸多单个技术。在科学领域，这种思考方式意味着系统性思考。因此，解决方案应该是：降低汽车产量，并使其尽可能地环保。你已经从“自然与生活”一章中获悉：当一个要素发生改变时，该要素所处过程的动态也会改变。并且，与之相连的其他要素的性质也将无法确定。

因此，转型研究涉及社会技术和社会生态系统这两大领域。新技术不会像以前一样，让它周围的环境及共同环境就这样保持原样。从系统的角度来看，知识储备和交流方式、关系和行为、工作常规和日常结构，直至利益、权力、资产，我们的基础设施和景观设计都在变化。反之，这些系统的结构也会影响到哪些技术在未来将是有意义的、有趣的或可取的，或有很好的机会被传播。

这为什么很重要呢？

在过去30年，我们的工业社会在效率方面取得了巨大进步。如今，为了生产一个单位的国内生产总值（GDP），德国的经济活动只需更少的能源、更少的二氧化碳及材料，因此，造成的自然破坏也前所未有地少了。

然而不幸的是，如前所述，我们仍远远没有达到自然消耗的公平份额。还记得“地球生态超载日”吗？每年提前几个星期，我们消耗的东西都会超过地球所能更新的东西。仔细想想：对德国来说，2019年的超载日已经提前到5月了。

但是，你猜对了，通过创新和进步实现进一步增长的目标仍然没有受到质疑。与之相反：利润、收益、销售量和经济增长是成功的创新的核心指标。

只要全球经济持续增长，人们所追求的目标便不会是在地球承受的限度内好好生活，且遵照生态系统的系统效率所要求的去寻找解决方案。经济学中的效率概念，说白了，就是我们总是要进行买一赠一的交易。

并且我们已经看到，理念能够对现实产生切实有力的影响。买一赠一是一种非常现实的方法，将绝对脱钩的梦想扼杀在萌芽状态——真正停止资源消耗的增长。[27] 我们将继续以高效率推动二氧化碳及资源消耗曲线的上升。

在许多生活领域，我们都是这样做的。

例如，我们的供暖设备比以往更节能，建筑物比以往更隔热，但由于人均所需空间持续扩大，即个人所占据的空间越来越大，能源消耗仍然没有降低。

电器也如出一辙，如今，电器消耗的电力少于以往，但我们却拥有了更多的电器。而且，它们往往也不如以前耐用了。

昨天还被认为是奢侈品的东西，如今已司空见惯并得以可靠供应，随后，供应反过来又必须随时随地得到保障，并成为美好生活的最新标准。

水龙头要流出热水。

每个家庭都要有一辆汽车。

每间公寓或每套住宅都要配备一台洗衣机。

每个房间都要配备一台平板电视。

即使在冬天也能吃到新鲜草莓。

空运来的芒果也要切成均匀的小块，入口即食。

每隔一个周末进行航空旅行。

有一个最令人印象深刻的例子：地球工程学（Geo-

Engineering)[①] 表明，举起停止扩张的告示牌，是人类很难做到的事。

地球工程学指的是人为减缓气候变化的方法。为了吸收二氧化碳，大规模植树造林或恢复沼泽湿地均属于该框架下的常见措施。只是令这些措施生效所需的空间与人类住宅区和基础设施的增多以及农业用地相矛盾，所以，人们一再对此提出技术解决方案。例如，人类考虑在太空中布置巨大的反射镜为地球遮荫，或者用飞机向大气层释放数吨硫黄来反射太阳光，其原理类似于火山爆发。此外，一些研究人员还考虑利用肥料引发海洋藻类大量繁殖（藻华），或将山体研磨并扩散，因为岩石风化也会吸收二氧化碳。

这听起来像詹姆斯·邦德的电影吗？

大家应该知道，根据几乎所有的气候模型，我们仍可以将全球升温控制在2℃以内，并坚定地期望人类将在可预见的未来将地球工程学投入使用，否则这些模型将根本不起作用。

愚蠢的是：目前这些技术仍未投产使用。它们要么尚

① 德国在制定21世纪的最初15年的超大型地质学的生产实践和科学研究计划，预算首笔经费5亿马克，这个研究计划称为“地球工程（geotechnology）”。这个计划共包括13个重大项目。欧美的其他发达国家的政府也正在进行类似的规划。——译者注

未通过试验，要么被认定为是危险技术，要么仅在小范围内发挥作用。而即使能在小范围内发挥作用也并不意味着它们可以在大规模使用时不出现任何问题。即便如此，这些技术所能达成的效果却在预测中被视为“负排放（negative emissions）”。

一方面，技术会以此为目标；另一方面，争夺北极地区正在自然解冻的原材料和石油储备的地缘政治斗争也已同步拉开序幕。可是，问题并不在于地球上还蕴藏着多少煤、石油及天然气，而在于人类如何在不丧失宜人的气候条件的前提下，应对大气层无法吸收二氧化碳这一事实。实际上，人类也并不能随心所欲地迅速扩大可再生能源。如今，（从市场价格看）可再生能源往往比煤炭更便宜，这无疑是一个好消息，并将对能源生产的长期投资决策产生巨大影响。尽管如此，石油巨头沙特阿美[①]（Saudi Aramco）在2019年上市之后不久，一跃成为全球经济实力最雄厚的公司。因为人类对能源的渴求十分旺盛，可再生能源依然无法取代石油，而仅仅是作为补充。就像100年前的石油是煤炭的补充能源一样。

换而言之：如果我们继续像现在这样，只是利用技术进步来刺激短期经济增长和进一步扩大消费，那么我们就是

① 沙特阿拉伯国家石油公司，简称沙特阿美。——译者注

在原封不动地、无情地将对问题的解决拖延到未来。

实话实说，当埃隆·马斯克（Elon Musk）把拥有“外壳采用几乎不可穿透的外骨骼结构”和“从超硬的 30 倍冷轧不锈钢结构车身表面，到特斯拉装甲玻璃”这些特征的电动货卡车（Cybertruck）作为下一代跑车产品介绍时，我简直瞠目结舌。他吹嘘道，与自重已达到 2.1 吨的 Model S 相比，Cybertruck 拥有疯狂的加速能力和 1.7 吨的承载能力。除了赛车或摩托车越野赛之外，这些功能还应在何时何地使用呢？请问，这种产品的生态平衡又是什么？据埃隆·马斯克的说法，在美国，Cybertruck 的预订量已达 25 万台。

除了几乎没有任何实用性的功能之外，Cybertruck 还能满足什么功效呢？

正如我们所见，不可思议的是这个问题很少被问及。但是如果我们对此进行详细探究，比如像社会学家菲利普·斯塔布（Philipp Staab）在其著作《虚假的承诺：数字资本主义的增长》中所做的探究那样，另一种形式的脱钩便会彰显出来：即技术进步和社会进步的脱钩。我们再次得到一样的结论，即销售量上升和增长是最首要的目标，而创新只是为了达到这一目标的手段而已：“在物质丰富的社会中，购买鲜少只是单纯地考虑产品的使用价值，通常还会考虑到产品所具有的潜在的差异化价值，即通过拥有稀缺或具有特定社会内涵的产品，象征性地将自己与他人区分开来。从经济角度来看，这样做的好处是，消费需求往往取之不尽、用之不竭，且与使用价值无关。”

人类是出色的问题解决者。可一旦问题没有被描述到位，进步就会与他们失之交臂。至少到现在为止，Cybertruck 还是让我感到有些奇怪。令我很欣慰的是，德国技术监督协会（TÜV）没有批准该车在德国上市。因为从象征性角度来看，Cybertruck 就好像是从游戏《疯狂的麦克斯》（*Mad Max*）中直接跳出来的那样：我不在乎有谁或有什么东西挡了我的路。从明天起，我将驾驶着装甲良好的车辆，在太阳下全速行驶。

我更希望看到正念、瑜伽、徒步、森林浴、数字戒毒、自我实现和时间富裕的发展趋势。可大家是否知道，这种趋势甚至被预测为技术进步所致富的社会的自然演变？

能想到是谁预言的吗？

是经济学家。

90 年前，历史上最伟大的经济学家之一约翰·梅纳德·凯恩斯（John Maynard Keynes）写下一篇题为《我们孙辈的经济问题》的杂文。在文章中，凯恩斯思考了当人类的经济问题得以解决，也就是当物质需求得到满足、拥有的和所需的一样多时，人类会变成什么样。鉴于不断提高的生产力，凯恩斯预言，这一天会在 2030 年到来。他认为，到那时，我们只需每周工作 15 个小时便能够保障生活所需。

增长将在良好水平上趋于平稳，经济也将能够在该水平上继续运行。

由此，凯恩斯自问：我们该在变为空闲的时间里做什么？

是的，我们该做些什么呢？猜到了吗？

当然，我们应该享受生活。

凯恩斯也持同样的观点。他的想法是：我们保障好福祉，充分发挥人类潜能。与朋友家人共度时光，进行自我深造，参与艺术和文化活动。

令人惊讶的是，硅谷也在重新思考发挥人类潜能的问题。不幸的是，结果并非凯恩斯所希望的那样。

互联网起初是一种绝佳的沟通、联系、实现知识及信息交流的新形式，现在它已成为经济学家兼建筑师身份的乔治·法兰克（Georg Franck）在20世纪末提出的“注意力经济”[①]的化身。法兰克指出：“来自他人的注意力是所有毒品中最不可抗拒的”。此外，法兰克还将注意力比作一种稀缺货币。

数字化服务的开发者也认为这种断言非常有趣，并构思了种类繁多的产品及其标准设置，以便让人们在各种软件上花费尽可能多的时间。访问量、点击量和点赞量彰显

---

① 指企业最大限度地吸引用户或消费者的注意力，通过培养潜在的消费群体，以期获得最大未来商业利益的一种特殊的经济模式。——译者注

了人们成功的程度。但是众所周知，“免费”产品的背后隐藏着可以带来利润丰厚的个人信息买卖以及广告业务收入：量身定做的推送在最大程度上契合了人们的每一个想法，并且提供迅捷方便的服务，以至于它可以打消人们最后的购买顾虑。起初是数字货币，随着每一次的鼠标点击，它都会转换为货币。尽管这些数据完全由用户产生，但企业却可以从中攫取报酬。

在一些硅谷离职者看来，这种形式的技术进步促使我们讨论如今人类注意力、学习行为、社会关系及对话文化的转变。我们不仅关注就业问题，我们还在思考民主、社会理解以及对人的操控。

前谷歌设计伦理学家、“光阴不虚度”运动发起者及“人道科技中心”组织的创始者特里斯坦·哈里斯（Tristan Harris）曾试图总体性地描述数字技术革命的黑暗面。哈里斯想找到一个类似于“生态退化”的基本概念：可以把气候变化、生物多样性丧失、缺水和荒漠化等个别现象合并在一个模式内。

在访谈节目和采访中谈到的模式，哈里斯称之为“人类能力衰退（human downgrading）”，包括人类注意力的减退、适当的行为意识减退、民主沟通进程减缓、社会关系弱化到沉溺于社交媒体。

哈里斯的“人类能力衰退”这一概念首先阐明了一点：

为了技术进一步发展或获得尽可能高的经济利益而实现的技术进步，极少顾及对它们所在的系统所产生的影响。

这是在反对变革吗?

从经验主义来看，完全不是。因为限制对人和自然的过度开发，恰恰可以推动新现实中所需的创新议程。正是在限制性条件下，人们才会达到创造的高峰，对于如何处理现有资源就会涌现出很多想法。这与达尔文对有限生态系统中的进化的观察相一致。

好消息是：技术进步并没有好坏之分。技术对于把我们无视自然法则的传送带经济模式转变为循环经济模式这一点将起到至关重要的作用。此外，我们仍需借助技术来实现全面的可再生能源供应和可持续发展的移动系统。然而，为了实现这一目标，我们必须始终将进步的理念与目标保持一致，而不仅仅是向金钱的增长看齐。否则，手段和目标将再次被“愉快地”扭曲。我们目不转睛地盯着转速表，全然忘记了自己要去往何处，也忘记了油表在向我们诉说什么。

技术进步被视为人类发展最显著的标志。然而，如果我们不去思考技术应当如何嵌入到环境和社会之中，那么我们将无法看到技术会引领人们走向何方。为了能够在新的现实世界中和谐共存，我们也必须改变对进步的看法，否则就只是单纯地将问题拖延到未来。

思考六

消　费

太多的人用他们本没有的钱买本不需要的东西，来讨好他们不喜欢的人。

罗伯特 · 奎林（Robert Quillen），幽默作家

近年来最成功的写实作品之一是《怦然心动的人生整理魔法》，这是一本整理指南。它是由日本作家近藤麻理惠（Marie Kondo）撰写的，她凭借此书长年在日本的畅销书榜单上占据一席之地。在此期间，她的整理指南已被翻译成40种语言，在世界范围内销量超过700万册，尤其在西方工业化国家颇受欢迎。显然，人们需要得到关于如何正确整理的指导。这是可以理解的，因为人们一定是买了太多的东西，才会出现整理方面的问题。近藤麻理惠使用的方法基于这样一个简单的认识，即只要人们仍然拥有很多东西，就无法真正做到有序地生活。而在住房昂贵、无法通过增加面积来进一步分配空间的日本，这一想法是很务实的。

因此，她从不按照逐个房间整理，她建议将所有物品归为一类，比如把衣服、书籍、文书、小物品或纪念品堆放在一起，然后根据它们是否引发人们的幸福感这一标准进行分类。“当我把这个物品拿在手上时，它是否让我感到幸福？”

如果某一物品无法给自己带来幸福感，那么就可以丢弃了。

近藤麻理惠不仅在她的整理指南系列书籍中教授这种方法，还为清理帮手提供这方面的课程。前段时间她还在流媒体播放平台网飞[①]上播放了自己的纪录片，在几集纪录片中，她帮助被杂物压得喘不过气的美国人整理他们杂乱的橱柜、厨房、客房和贵重物品散落一地的车库。顺便说一句，受她指挥扔东西的人可都不是有囤积症的人。最后，当垃圾车将堆积如山的塑料袋运走时，他们都感到如释重负，显得无比欣慰。

还记得“伊斯特林悖论”吗？经济学教授理查德·伊斯特林发现：人们在达到一定程度的富裕水平之后，即使他们拥有的越来越多，也不会变得更加幸福。

可以说，近藤麻理惠在自己的纪录片中践行了这个理论。

作为一个可持续发展问题的研究者，我立即想到的问题当然没有在纪录片中提出：如果人们一开始就不买这些东西会怎样呢？或如果这些东西一开始就没有生产出来会怎样？假设如此，我们就不会有那么多堆积如山的装满垃圾的塑料袋。

---

① 美国奈飞（Netflix）公司，简称网飞。——译者注

在讨论人类如何才能在地球的生态准则内实现可持续的经济发展时，通常有两种建议。一个是大家已经知道的所谓的简单脱钩，就是在不牺牲繁荣的情况下，利用创新和技术进步减少对自然的消耗。这是两个建议中更受欢迎的那一个。然而不幸的是，正如我们从反弹效应中看到的那样，人类到目前为止还没有真正实现这一目标。我们还在时间、注意力和金钱等人力资源的使用中发现了反弹模式。

除了供应方面，经济活动的参与者，即消费者，自然也在需求方面发挥着重要作用。因此，关于可持续经济发展的第二个建议正是从这个角度出发：如果在经济增长的情况下，我们无法保护自然界，更不用说恢复自然了，那么这必然也会导致物质上的繁荣局面呈下降趋势。当然，这个建议不太受欢迎，因为它实际上是在要求人们必须减少不必要的消费，即人们必须做出舍弃。

正如我们在“自然与生活”一章中看到的那样，在产品制造或使用过程中对环境造成的损害并没有被计入任何经济资产负债表中。因此，我们为产品支付的费用与产品的实际成本并不相符。原则上来说，这违背了会计的计算规则，在批评国内生产总值的统计时也会反复提到这一点。尽管如此，这种计算方法仍然是一种已获实践证明有效的、人为降低定价的方法。因生产或消费某物而产生的负担只是简单地转移到了无法反抗的他物身上。他们无法反抗，是因为他们要么没有声音，要么没有权力。

假设我们乘坐往返于法兰克福和纽约之间的航班，根据不同的航班时间，往返机票价格甚至可以低于300欧元。除了所有其他费用外，这个价格当然还包括了飞机搭载乘客往返两地间所需的航空煤油费，也就是我们所说的燃油附加费。然而，这个价格并不包括将飞行中所产生的二氧化碳从地球大气层中清除而发生的费用。航空公司不会把这些费用添加到机票价格中，正如向航空公司提供煤油的燃料公司也不会这样做一样。包括乘客在内，所有人都理所当然地认为地球大气层会吸收这次飞行中由每位乘客产生的总量为3.5吨的二氧化碳。

因此，“外部成本”（Externe Kosten）是一个完全错误的术语。究竟指的是什么的外部呢？

这里的外部显然是指我们自己职责以外的部分。我们把大气层当作垃圾场，并以各种方式把因我们造成的温室气体倾倒于大气之中，却将本应该承担的缓解温室效应的责任远远地推走。然而，为此付出代价的却是那些即将沉没的岛国，或者是那些无力适应气候变化的穷人。因为他们无法承受风暴后重建自己的田地和房屋的经济负担，也无法搬迁到没有遭受洪水淹没的地区。此外，我们的所作所为同样也会影响我们的子孙后代，因为他们将不得不在我们留给他们的世界里生存下去。

人们把这种推卸责任的行为称为“外部性”[①](Externality)。

社会学家斯特凡·莱塞尼希（Stephan Lessenich）在他的名为《在我们身边的洪水》一书中解释了西方世界的富裕在很大程度上是基于这样一个事实：我们西方国家自己不承担带来富裕的真正成本，而是将其转嫁给他人。但是为了能够维持一如既往的方式，西方国家对这个事实不感兴趣，或者有意识地让自己对它视而不见。这就是我在本书开头所说的伪现实，也就是斯特凡·莱塞尼希提及的“社会的外在化”。

他在书中写道：“我们的生活所依赖的不是我们自己所处的环境，而是在其他人所处的环境。”

我们在德国用大豆喂养我们的肥牛，而大豆根本不在这里生长。这些大豆是我们从南美洲进口的，南美洲的大豆供应者为了能够大规模地种植大豆，破坏当地的热带雨林和草原。而在德国，因为我们生产出来的肉类超过本国的肉类需求总量，我们就将其廉价地出口到其他国家。而生活在这些进口德国肉制品国家的农民发现，如果他们不同样跟着降低大豆的出口价，就更难出售他们的肉。可以发现，这种通过损害一个地方的利益而取得的成本优势，将会在别的地方带来另外一种利益的损害。然而这种损害只

① 又称溢出效应，指一个人或一群人的行动和决策使另一个人或一群人受损或受益的情况。也被译作“外在化”。——译者注

发生在国外。原因和影响是相互分离的，由于经济全球化它们可以分布在世界各地。

另一个例子是生物燃料。几年前欧洲希望通过生物燃料的使用来减少运输业产生的碳足迹（Klimabilanz）。生物燃料燃烧时产生的二氧化碳可以被生产生物燃料所需的植物重新吸收。因此，从理论上讲，这是一个可持续的循环。然而，由于欧洲需要的燃料总量大大超过了种植油菜或向日葵的可用土地面积，欧洲不得不从世界其他地区进口生物燃料。由此导致的后果不难预料：在东南亚，为了满足欧洲对能源作物的需求，人们砍伐雨林以便于在原地建立棕榈油种植园。人们为了种植能源作物必须焚林开荒，这一行为过程导致了原本储存在森林和土壤中的大量二氧化碳被释放。当然了，我们更愿意把这种事情“外在化”。

幸运的是，德国并不需要进行毁林开荒。我们很自豪地向公众报告德国的森林面积保持稳定，甚至有所增长。但不幸的是，所有这些种植单一作物的土地破坏了生物多样性。同时，它们也无法应对气候变化带来的危害，我们近两年来所经历的炎热的夏天就证明了这一点。然而，我们却不断地听到这样的言论：贫穷国家的人民需要学习如何更好地对待他们的环境。

有趣的是，我们在经济学中也能找到有关经济增长的答案。经济学中所谓的“库兹涅茨曲线（Kuznets curve）”

是以生活在美国的经济学家西蒙·史密斯·库兹涅茨（Simon Smith Kuznets）的名字命名的。它描述了这样一个假说，即当经济开始增长时，社会中的收入不平等现象首先会急剧增加，但从某一点开始这种不平等现象又会减少。这一曲线的变化令人印象深刻：起初每个人都有相似的收入，然后渐渐地只有少数人致富，后来几乎所有人都变得同样富有。

我们此前所了解的与经济增长有关的涓滴效应已经被运用到了环境可持续发展上。那么有人知道涓滴效应在环境可持续发展领域会带来怎样的影响吗？没错，它指出：环境污染水平会随着人均收入的增加而下降。

换句话说，社会越是富裕，就越重视环境的清洁卫生，同时也会有更多的资金用来配备保护环境所必需的基础设施。

事实真是如此吗？

如果人们单看德国的垃圾分类，乍看之下，德国似乎确实需要很多财富才能负担得起世界上显然最有效的垃圾回收系统之一。据估计，消费者们每年大约要在这方面花费 10 亿欧元。此外，像德国人那样认真进行回收所需的时间还没有被统计在内。

尽管如此，德国垃圾分类模式算是一个成功的典范吗？

是的。首先，德国人的人均垃圾量几乎超过所有其他欧洲人，丹麦人、卢森堡人和塞浦路斯人除外。然而，他们的垃圾并没有完全留在国内。垃圾经济属于德国的一个出口行业。根据维尔茨堡－施韦因富特应用技术大学（die Universität Würzburg-Schweinfurt）的一项研究，2018 年德国向国外出口的垃圾（以吨为单位计算）比出口的机器还要多。其中，德国的塑料垃圾有五分之一流向国外，主要是流向亚洲，其中马来西亚、印度或越南等亚洲国家对部分塑料进行回收利用，剩余塑料垃圾则最终进入垃圾填埋场，或是倾倒进河流以及海洋中。此外，每天都有 175 台来自德国的废旧电视机运到非洲的加纳、尼日利亚或喀麦隆，并在那里被拆解，所有拆分下来无法出售的部件最终都被运往垃圾填埋场进行填埋。

正如你所看到的，我们不会仅仅因为我们的生活变得更加富裕，就会以更环保的方式生活。我们的行为恰恰与之相反。诚然，我们通过制定更严格的规则，使用国际上来说相对完善的垃圾处理系统来保护我们自己的环境。但我们却很少真心地追问，平衡是否真的实现了。我们将对我们而言不适的东西转移出去，而把我们需要的东西储存起来。这在整个欧洲都是如此。可以这么说，欧洲是最依赖使用其他国家土地的大陆。根据所谓的土地足迹，欧盟足足需要 6.4 亿公顷的土地来保障我们的生活方式。而这一面积大约是拥有 28 个[①] 成员国的欧盟总面积的 1.5 倍。如果不包括英国，总面积将减少约 0.8 亿公顷，而德国所需要的土地面积差不多和英国一样多。购买这些土地上出产的农作物的进口商主要对低价感兴趣，而不太关心土地是否能长期产生可持续的产量。是我们的繁荣和财富，即我们在市场上的特权地位，使得我们有权利这样做。

所有这些都是“外在化”的表现。

从每个国家来看，库兹涅茨曲线往往是适用的，即如果当地的人口越来越富裕，那么当地的污染现象，比如水污染和空气污染现象就会减少。当然，人为操纵废气值的情况除外。从世界范围内来看——我们面临的大多数环境问题都是全球性的——正是财富与环境保护之间的等式为我们发现这一事实蒙上了一层迷雾。因此，我们不得不直接以减少环境消耗为目标，并要求达成有助于实现这一目标的平衡。但马上又有人提出这样的论断：追求这种目标将是一种禁欲和放弃。放弃——光是这个词本身，就让很多人感到愤怒。

但放弃究竟意味着什么？

我只能根据情况放弃我有权得到的东西。西方世界正在享受的是许多发展中国家正在追求的富裕，根据可持续性

① 英国于 2020 年脱欧。欧盟目前共有 27 个成员国。——译者注

规则，西方的这种富裕情况本来就不应该出现。

如此说来，这里的放弃在富裕国家意味着：开着如装甲车般的货车是为了差异化消费，在整理指南的帮助下做到“断舍离”。这样的行为不外乎是为了不再毁坏地球，用以换取人类在未来得以生存的根基。

放弃本身是一个很重要的词。

它有可能不那么重要吗？

可惜不能。

让我们反过来问这个问题：如果我们想得到很好的保障，我们一定需要什么？

供应保障实际上描述的是为了确保人类的基本需求能够得到长期的、安全的保障所需要的条件，比如食物、饮用水、住房、能源、医疗保健和教育。

正如我们所看到的，我们在过去的一个世纪里对所有涉及基本需求的东西的要求都在持续上升，但事实上在过去的几十年里，我们对它们的要求确实是在呈爆炸式地上升。在热衷于技术进步和无视自然的经济指标存在的情况下，人们完全忽略了还存在一个供应悖论的事实。如果所有的父母一直努力追求的是让他们的孩子能拥有更好的东西，并把拥有更好的东西与拥有越来越多的东西混为一谈，那么所有的孩子都会在未来的某个时候拥有不好的东西。在资源有限的地球家园上，人口数量在不断增加，因此，对人类基本需求的供应保障绝不意味着消费数量的不断增加。

因此，当反对放弃的人问道，我们放弃能得到什么回报，什么能减轻我们因这种损失而遭受的痛苦？我的答案是：我们正在为今天的和平和明天的保证供应进行必要投资。想象一下，如果非洲、拉丁美洲和亚洲国家在某个时候停止向我们出口他们的原材料和提供土地，转而自己使用这些资源，情况将会怎样呢？

为了解决供应悖论，第一步是修正收支平衡表，从而修正价格。对许多产品来说，它们的价格不得不增加，以此来反映其制造、运输和处理最终废弃物过程中所产生的真实成本。

推行碳定价机制是朝着这个方向努力的一种尝试。碳定价机制不仅应该影响大家作为消费者的决定，还应该有助于为开发碳中和产品这类创新技术预留成本优势。另一方面，它也能让生态破坏的影响在定价中显现出来，从而使我们更接近于对价值创造真正内涵的客观理解。这正是数字技术革命可以为其提供帮助的地方：例如，单个原材料和产品部件的二氧化碳追踪器或数据标注工具可以作为出色的指示器，市场通过这些指示器就有更大的可能性来保证长期的生活供应。

在更多与更少之间保持清醒的头脑显然是不容易的。毕竟，我们已经习惯了越来越多的东西可供我们持续使用。这方面最显著的代表就是智能手机：音乐、电影、知识、通信、消费品——所有这些功能都集聚在一个单一设备上，并且它的计算能力比50年前用于登月的阿波罗11号的机载计算机还要高1.2亿倍。

在一次讲座中，社会学家哈特穆特·罗萨（Hartmut Rosa）将我们对向上发展的追求称为“扩大世界覆盖范围”的持续渴望。我们的现代社会是这样建立的——它的现在总是试图超越它的过去。这种向上发展的渴望不仅长期存在于技术和经济领域，而且也存在于社会甚至空间领域。这也使得每一种时尚，每一份工作，每一种乐趣，每一个假期都可能在一夜之间成为明日黄花。

注意力经济（经济模式）以其各种持续不断的广告信息、各类新闻、自我描述和一波波大量的信息实实在在地带来了一个后果：人们对于各类事物越来越快地厌弃。

此外，我们不仅面对越来越多的东西和选择，而且每样东西也有越来越多的品种供我们选择。这简直令人难以承受，这一事实正如两位美国心理学家在几年前的一项测试中所证明的那样。几年前，他们在加利福尼亚的一家美食店设立了两个试吃的柜台，一个柜台提供六个不同品种的果酱，另一个则提供二十四个不同品种的果酱。不出所料，果酱品类选择较多的柜台吸引了更多的顾客，但最后在这个柜台买东西的人明显比在那个只有六个品种果酱的试吃柜台购买的人少。原因也不难理解，虽然顾客们的选择较少，但显然他们更容易做出决定。做决定的乐趣并不会随着选择的增加而自动增加。心理学家巴里·施瓦茨（Barry Schwartz）将此称为"选择悖论"[①]，英语术语为"Paradox of Choice"，德语即是"Auswahl-Paradoxon"。

但情况变得更加复杂。

请问问自己，如果放弃一些选择和购买商品的机会，这是否真的会降低你的生活质量？值得庆幸的是，现在关于这个问题已经有了许多深入研究，从这些研究中可以得出一个明确的讯息：过犹不及。越来越多的事物不仅满足了我们心中的某些东西，同时也助长了担忧的情绪。

因为我们将环境转化为财富的传送带不仅源于我们渴求更多，也因我们对所得更少的恐惧而得以继续前进。我们害怕比我们的祖先拥有的少，比我们的邻居拥有的少，比我们想成为的那些人拥有的少，这些忧惧使得分享和放弃变得困难。而随着我们的文化越发地将成功的生活和工作与拥有的越来越多这种理念等同起来——尤其是追求比别人拥有的更多，那么将环境转化为财富这条传送带运行的速度就越来越快。

美国心理学家蒂姆·卡瑟（Tim Kasser）研究了节约型

---

① 当人们面对更多的选择时，反而不能做出明智的选择，因为我们的选择总是受到锚定效应、框架效应、可获得性启发式等心理因素的影响。——译者注

文化带来的结果是如何影响社会的。他探寻我们的物质主义取向对我们的幸福和自尊会产生何种影响，从而发现物质主义既是不安全感和不满的表达，也是其原因。之所以如此，是因为物质主义主要体现在外在，即来自外部的动机和人们的认可。

事物的价格或自我得到的关注度（名望、点赞数、点击量）反映了自我的内在价值。比如玛丽安娜·马祖卡托为各种商品和服务都确立了其内在价值，按照这种价值理论，我们就会失去判断谁是社会中有价值的成员的第六感。如果我们失去了重要的工作或大房子，或者我们的粉丝突然发现我们很愚蠢，那么我们的内在价值就会受到威胁。

身为法学家、教育家、多年担任哈佛大学校长职务的德里克·博克（Derek Bok）在其对幸福研究提出政策建议的元研究中证实了上述提到的发现：“心理学家的发现传达了这样的警告——一味追求富有伴随着巨大的风险，最终会致使人们变得失望和不幸福。”[38]

杰里米·边沁对此又怎么看呢？

他会烦恼得薅头发，因为经济学家们将功利主义简单归结为不断增加的消费，他们将经济增长的故事视作自然而然、无休无止的，而这根本不会让我们更加幸福。

更加幸福？

根本做不到。

因为人类不是机械系统，而是生物系统。我们的大脑在不断适应新的情况。它无法一下子承受太多的幸福激素，也受不了长时间的高速运转。像人类和自然这样的生命系统需要以一种可再生的方式被对待，以便蓬勃发展。这就是为什么幸福研究不是用不断上升的曲棍球棒曲线来衡量它的程度，而是用 1 到 10 的尺度来衡量。

然而，建立激励制度、组织结构、政治方案、金融市场和指标只为了追求一件事：更多。结果是人们越来越难以克服这种极为特殊的不幸的束缚。

重视原材料的价值观和重视社会的价值观，或者说环境导向的价值观与物质主义价值观相互对立，两者的关系就像处于跷跷板的两端——此消彼长。当同质化的经济视角主导文化和结构时，一切都围绕着地位、权力和金钱。与此同时，同情心、慷慨和环境意识也逐渐消失，整体的富足和福祉问题从理论和世界观中消失。而当“自我”中的“我们”即集体意识变得越来越淡薄的时候，就会出现一个全体社会性的问题。

但是，我们从卡瑟的研究中也得到了好消息：价值观跷跷板也向另一个方向起作用。只要社会和生态价值观变得愈发重要，物质价值观的重要性就会下降，以牺牲环境换取富裕的传送带就会慢下来。波恩大学的行为经济学家阿明·福尔克（Armin Falk）提出了一个在气候变化时期的明确要求：你的内心希望别人怎样消费，你就应该怎样消费。

现在看起来一下子变得很简单了，不是吗？

如果我们减少购买，就会减缓产品的销售速度。可是，别忘了，在今天的投资、征税和再融资结构下，这样做就会导致经济衰退。因此，除了消费者角色外，我们还应该反思我们作为公民这一角色的责任。我们需要改变政策，不要把可持续性视为经济增长议程中可能出现的副产品，而是直接以可持续性消费、生产和投资为目标。为此，我们需要一个简短明了的公式吗？事实上存在着这种公式，并且我们已经提及过：增长＝手段，增长≠目的。

因此，让我们摆脱伊斯特林悖论、杰文斯悖论和供应悖论，并开始订立一个新的社会契约，从而以低生态足迹的方式实现高质量的生活，这是完全有可能的。

在富裕的西方世界，我们的消费行为只有通过成本的外在化才有可能。将财产和地位作为自我价值的标志并不会让我们感到幸福。因此，改变消费在我们社会中的作用和性质是实现可持续发展的重中之重。协调社会目标和生态目标之间的关系应该处于这一过程中的核心地位。

思考七

市场，国家与共同利益

复杂经济学表明，经济就像花园一样，永远不会处于完美的平衡或停滞状态，它总是处于增长和萎缩的变化过程中。就像对待一个被忽视的花园一样，如果任由经济自行发展，它往往会走向不健康的失衡。

埃里克 · 刘和尼克 · 哈瑙尔（Eric Liu, Nick Hanauer），经济学家

伊萨卡（Ithaca）是美国纽约州的一个小城市，主要以其大学而闻名，许多诺贝尔奖获得者都在这里诞生。直到20世纪50年代，铁路一直是前往该城市最可靠且最便宜的方式。当然，该城市也有公共汽车和汽车行驶的道路，当时的伊萨卡已经有了自己的机场，然而，铁路的优势在于，无论天气多么恶劣，它一年四季都在运行。但最晚在21世纪中叶，越来越多的人能够买得起属于自己的汽车了，因此，他们之后只在冰雪天当其他交通工具无法行驶的时候才乘坐火车。这一变化导致了该铁路公司在20世纪50年代末关闭了自己的客运业务。因为客运业务已经变得不划算了。

几年后，当时在伊萨卡大学任教的经济学家阿尔弗雷德·卡恩（Alfred E. Kahn）写了一篇关于铁路线命运的文章。这篇文章的标题“小决定的专制”已经成为一个流行词，描述一件事情的结果最终既非人的初衷也不合理想的全部过程。

所有乘坐汽车、公共汽车或飞机而不再乘坐火车前往伊萨卡的通勤者，他们的行为从个人角度来看是明智的，是出于他们的个人利益。然而，这件事情的后果是，他们推动了让铁路交通最终退出这座城市的历史舞台的过程。所有合理的个人决定加在一起，就会导致出现原本没有人会主动选择造成的结果。

怎么会这样？只要每个人都能随时理性地做出利益最大化的决定，自由市场总是为每个人带来最大的利益。在这种情况下，却因为每个人都只考虑自己，而给所有人带来了损失。

真的存在市场失灵这样的情况吗？

问题的关键在于：只要生产者有生产他们想要的东西的自由，消费者有消费他们想要的东西的自由，社会所需的商品就一定会被生产和分配吗？

在某种程度上，市场难道不是扮演了中央协调者的角色吗？为什么这个如意算盘落空了呢？也难怪，国家与市场相关的确切的任务从过去到现在一直都在被广泛讨论。

政治作为一种指导力量已经完成了它的任务，国家也已经变成守夜人式的国家：它负责安全。美国政治学家弗朗西斯·福山（Francis Fukuyama）甚至谈到了“历史的终结”[1]。

---

① 即社会建立起奉行开放市场的自由民主国家。——译者注

1990年关于全球化世界经济优势的华盛顿共识[①]被制定出来，1994年“世界贸易组织（WTO）”成立。

几年后，在墨西哥坎昆（Cancún），我和其他数百名示威者站在路障前，来自146个国家的部长们在路障后面的会场内参加世贸组织会议，讨论全球化农业贸易的后果等问题。我作为德国环境与自然保护联盟（BUND）的志愿者在那里抗议世界贸易组织有关农业贸易的政策，因为我和其他许多人一样，看到了迄今为止的全球化对环境产生了重大影响。不过，最重要的是，虽然全球化使世界北方国家的大公司获利，却牺牲了小生产者的利益。

而在所有这些环境影响中，来自全球南方国家的农民甚至比得到一些补贴支持的北方国家的农民受到的影响更大。在宣布对本次会议进行最为激烈的抗议活动那天，一名抗议者爬到离我仅几米远的路障上，当着所有人的面把刀捅进了自己的胸膛。

我们都感到非常震惊。

我后来才知道，这个在坎昆自杀的抗议者名叫李京海（Lee Kyung Hae），他当时56岁，是一位来自韩国的农民。韩国人视他为可持续农业领域的精神领袖。在他主要饲养牛的示范农场里，他教学生如何发展生态畜牧业。然而好景不

① 以市场经济为导向的一系列理论，其教条是“主张政府的角色最小化、快速私有化和自由化”。——译者注

长，韩国政府之后就开放边境进口牛肉，准许工厂化大规模饲养的廉价澳大利亚肉类进入市场。李京海经营的肉类产品在市场上无法与廉价的进口肉类相抗衡，最终把自己的农场和土地都抵押给了银行。而他并不是唯一一个遭受这般损失的韩国农民。同为农民，李京海也一直关注着韩国其他农民们的命运，后来他来到墨西哥坎昆，就是为了抓住自己发现的最后机会向大家指出世贸组织实行的有关农业贸易的政策对韩国农民的生计所产生的后果。

到底发生了什么？

这对我们的现代生活以及国家、市场和公共利益之间的相互作用有什么启示？

苏联解体后的30年里，世界发生了前所未有的变化。在全球化的目标视角下，许多国家废除旧的法规，同时新的国际投资和交易安全机制建立了起来。全球价值链已经出现，并且由越来越少的巨头企业进行管理。

以农产品贸易为例，现在有五家企业管理着70%的农产品进出口。这些巨头企业的市值比许多国家的国内生产总值还要高。市值排在最顶端的是数字企业，它们可以很容易地将其行政总部搬迁到它们认为条件最有利的地方——这里的“条件最有利”不仅意味着廉价的基础设施，而且最重要的是低税收和高政府补贴。

我们已经在“人类与行为”这一章节中看到：竞争力最

初是指公司之间的相互比较，现在已经成为国家之间相互比较的一个方面。有能力的公司将世界的一端在劳工标准、社会保险费、法律法规和环境法方面的做法与世界另一端的做法相比较。当某家公司由于其公司的投资决策失败而导致没有利润可得时，现在有些律师事务所就会专门代表公司控告其所在国的环境政策或社会政策。

寡头垄断者，即几乎没有竞争对手的、占据产品供应市场主导地位的市场领导者。这些寡头垄断企业在进行国际贸易的同时，其国家不得不在国家层面上采取行动来保护本土的大型企业，因为没有一个国家能够承受这些企业破产带来的后果。这些寡头企业的规模太大，以至于不能破产。最近的例子是在 2008 年。当时正值金融危机，国家不得不动用数百万税款来拯救大型银行，否则它们的崩溃会致使全球金融系统陷入困境。这就是小决策的“专制”最后导致大玩家的“专制”。

理应代表公民利益和集体利益的国家为何陷入被动状态?

当人们谈到市场如何平衡供与求时，当今国民经济的基本模型只显示了两个行为主体：生产者，更准确地说是企业；消费者，或更准确地说是家庭。国家在这一过程中根本没有出现——或者只是作为一个消费者出现。在此过程中，国家通过规则和激励措施来组织或者说有能力组织商品的生产和服务的提供，至少能够影响供给要满足需求。然而，令人惊讶的是，这一简单的现象影响了当前一个热门的政治议题的讨论，即现如今到底谁可以积极采取行动以及如何采取行动。在这场政治争论中，有三种反对意见特别突出。这些反对意见起初只是假设，甚至是偏见。

其内容如下：

国家监管（亦称监管政策）阻碍创新和进步。相较于国家，市场和企业总能知道更好的解决方案，因此不能限制它们的行动。禁令限制了市场参与者的自由，尤其限制了消费者的自由。

让我们来逐一看看这些假设。玛丽安娜·马祖卡托这个名字大家应该很熟悉，我们在关于价值概念的思想史中已经提到她。几年前，她在一本名为《创新型政府》的著作中仔细研究了国家与市场在重要创新中的相互作用。她以世界上最有价值的公司之一——苹果公司为例，指出该公司最重要的产品 iPhone 手机的成功是基于互联网、GPS、触摸屏、高性能蓄电池以及 Siri 语音助手软件等许多新型技术，其研发可以追溯到公共资助的基础研究上。苹果公司传奇 CEO 史蒂夫·乔布斯（Steve Jobs）可能是一位市场营销的天才，而他的员工很可能是设计领域的天才。

而在技术方面，国家积极支持创新发明，乔布斯和他的员工做的主要是整合了已经创造出来的东西。因此，马祖卡托认为，“大胆的创新发起者”实际上是国家。

她在书中写道：“在大多数推动资本主义发展的重大创新中，最早、最大胆、最资本密集型的创业投资都来自国家”，她还列举了铁路、太空旅行、核电站、计算机、互联网、纳米技术和医药研究等例子佐证自己的说法。

批评者认为，国家这么做往往受到军事利益的驱动。但即便如此，国家在重大技术创新中起到关键作用这一结论仍未受到影响。

企业获得巨大的经济成功是建立在国家维护的社会结构的基础上，这是像苹果这样的公司不愿意承认的事实之一。此外，这些大公司同样不愿意承认的另外一个事实是，单单是出于上述原因，它们也至少应该向国家缴纳相应的税款。

据英国税务研究机构 Fair Tax Mark 的估计，苹果、亚马逊、脸书、谷歌、微软和网飞这六大硅谷巨头在 2010 年至 2019 年期间通过巧妙的策略成功避税 1,000 亿美元。仅亚马逊就在 2018 年获得超过 110 亿美元利润的情况下成功地从美国财政部获得 1.29 亿美元的税收抵免。

多年来，亚马逊的税率约为 3%。

像爱彼迎（Airbnb）这样的公司利用公共融资的基础设施来服务自己的商业模式，并且不必承担任何维护基础设施的责任。对于那些居住在有吸引力的城市的人，特别是居住在那些廉价航空能够到达的城市的人，通过爱彼迎平台把自己的公寓向旅游者出租出去，或者出于同样的目的，收购别人的公寓用于向外出租起初来看都是一个好主意。但是后来人们发现，当越来越多的人这样做之后，几乎没有本地人住在这些原本受欢迎的社区，因为他们负担不起租金了，同时，纯粹作为门面展示的街区出现了，而这对于游客来说就失真了。

这就是小决策带来“专制”的棘手之处：它不知道有任何上级权威从更高的角度来检查个人利益总和是否真的为所有人带来好处。有关当局应将群体福祉置于个人获得最大化利益的可能性之上。而且从长远来看，在许多情况下，这甚至可以保护受益人本身的福祉。我们将此称为保障共同利益。这需要长远的眼光，是国家需要承担的根本任务。

乔治梅森大学（George Mason University）的弗里德里希·哈耶克项目组（Friedrich-Hayek-Programm）的卡伦·沃恩（Karen Vaughn）教授写道，“可以想象，一种自发的秩序出现了，在这种秩序中，人们仿佛被一只看不见的手引导着去追求一种反常的、不受欢迎的结果。”她并不质疑市场机制，只不过“作为人类活动的意外结果而出现的秩序是否可取，最终取决于有人类参与其中的规则和机构的性质，以及可供选择的真正替代方案”。

约翰·梅纳德·凯恩斯（John Maynard Keynes）由此得出关于国家角色的结论：“国家最重要的议程并非那些已经

由私人开展的活动，而是要做出那些如果国家不做就无人会做的职责和决定。”

他也不认为国家对市场进行干预是规则之外的特例，而是把它看作为了维持供需平衡的正常状态。不仅在产品和服务方面，在劳动力市场、进出口关系以及货币供应和货币市场方面都是如此。针对这种看法我想补充的是，当自然界或我们的后代无法独自应对过度开发和资源匮乏带来的问题时，我们需要国家干预。

问题是：现今，国家还知道自己的这一职能吗?

如果知道，它敢于采取相应的行动吗?

这里举一个简单的例子，每个人在日常生活中都碰到过类似情况：线上订单的退货。

班贝格大学[①]的一个研究小组计算出，在2018年，德国人网购的每6个包裹中就有一个被退回。退货原因包括：商品不符合自己的预期，可以在其他地方获得更低的价格，商品的尺寸不合适，还有顾客想要提前试用再决定是否留下这件商品。一年内曾有2.8亿个退货包裹产生。

根据研究人员对139家零售商的调查进行估算，如果对每次退货收取不到3欧元的小额费用，可减少约8,000万件退货。仅以这种方式就可以少排放4万吨二氧化碳，这相当

① 奥托·弗里德里希·班贝格大学（Otto-Friedrich-Universität Bamberg），简称班贝格大学，建校于1647年，是德国最古老的公立大学之一。——译者注

于约 4,000 个德国人一整年产生的二氧化碳总量。

只需收取不到 3 欧元的退货费，4,000 名德国人就完全可以过上气候零负荷的生活。现在已经有公司在收取此类费用，他们中的大多数是中小型零售商。他们几乎不必记录任何销售损失。他们当中没有任何一家公司的盈利有所下降，因为退货成本微乎其微。

大多数接受调查的中小型零售商愿意收取退货费，只是不敢这样做，因为担心这会使他们处于竞争劣势。市场不会自行商定一个收费标准，因此需要国家的监管。

亚马逊或 Zalando[①] 等大型在线零售商可能不会制定出一个合理的收费标准，因为如果执行，人们会说，他们可以凭借其自身规模更好地应对退货，并由此使得小型零售商更难进入市场。

那些喜欢网购并因此经常退货的人可能也找不到一个合理的收费标准，因为这会迫使他们必须在下单前反复确认和思考，否则不得不为此付出代价。

但是总体而言，这并不意味着这种收费没有存在的意义。退货费用的收取可以起到保护环境的作用，并且得到大多数零售商的支持；它没有特别为任何人带来不利，因此将适用于所有人。可以由国家决定是否实施收取退货费，

① Zalando 是总部位于德国柏林的大型网络电子商城，其主要产品是服装和鞋类。——译者注

因为只有国家能够行使这一权力——这也是约翰·梅纳德·凯恩斯的观点。

你知道究竟是谁贯彻了这个学说吗？答案是美国总统富兰克林·德拉诺·罗斯福。他于 1933 年推出了旨在克服严重经济危机的新政。

在一次全国讲话中他的原话是："市场存在不公平的竞争，10% 的人能够以较低的成本生产商品，以至于剩下的 90% 的人不得不接受不公平的条件。这往往就是需要国家介入的地方。国家必须有、也必将有权力，在基于行业相关的研究和规划、获得该行业绝大多数行为主体支持的情况下，防止不公平的市场竞争，并以国家的权威来执行这一协议。"

很有意思，不是吗？国家和市场参与者作为一个团队，用明确的规则给一个行业的发展再次指明了正确的方向。

在国家和市场的经典理论中，政治自由和个人责任相辅相成。所谓的秩序自由主义经济学家会说，决定和责任是一体的。宪法规定，享受权利的同时也必须承担义务。然而，在我们这个全球化、金融化和数字化的现代世界，这种"反向耦合"越来越少见。商业伦理学家托马斯·贝肖纳（Thomas Beschorner）在他的《令人眼花缭乱的社会》一书中将这个缺陷描述为"现代世界平衡的失调"。他提出"减半的自由主义"概念，即国家和市场不再充分发挥其互补作用。根据贝肖纳的观点，为市场维持政治框架秩序的任务不仅与经济有关，也与伦理相关。

这种政治框架秩序还应提供激励措施，使以自身利益为导向的行为受到约束，并促进道德行为的产生。

国家和市场不可分割。强制要求我们遵循其规则的市场是不存在的。至少我没有遇见，你呢？

然而多年来，减半的自由主义让公民个人承担起责任，以他们的购买决定来阻止全球性地对地球环境的破坏。如果你想为环境保护献一份力，就应该以可持续性的方式消费。这无非是环境保护的私有化表现。经济界对此感到很高兴，因为它可以为具有责任意识的消费者提供额外商品或服务，并为其贴上相应的标签，来彰显其企业良心。政治界也很高兴，因为它可以逃避一些令人不悦的任务，比如要对抗议活动做出政治管制，甚至最终还要发布一些禁令。

我们已经做了多少呢？

尽管德国各地都开设了新的有机食品市场，人们在折扣店也能买到有机食品，但是有机食品市场份额仍远远低于 10%。有机肉类食品的市场更不乐观，最多只有 2%，通常情况下只占约 1%。

导致德国有机食品行业出现这种情况，是因为德国作为地球上最富裕的工业国之一，只有不到 10% 的人才能买得起有机产品，甚至更少的人才能买得起有机肉制品吗？

我认为并非如此。

真正的原因在于，按照我们今天的组织形式来看，如今的农业市场往往对可持续的经营行为不予以鼓励，而是为其设置障碍。正如我们在关于消费行为的那一章节中所看到的，许多产品的价格并不反映其真实的生产成本，食品也是如此。

知道这意味着什么吗？没错。这意味着可持续生产的食物并不会太昂贵。

工业化生产的食物太便宜了。我们的肉类消费量太高，无论是对于人类、动物还是地球的健康来说都太高了。

知道什么措施可以改善这种情况吗？答案是实行农业补贴改革。这将立即减少工业食品和可持续生产的食品之间的价格差。但通常这样做是值得的，我们也应该从另一个角度看待这个问题：虽然人们的饮食没有减少，但是在食物上的支出却减少了。在过去的 50 年里，德国家庭在食物上的支出比例已经从 25% 下降到 14%。

相反，自 1993 年以来，除了最富有的 20% 的德国人之外，几乎所有人的住房支出都在增加，但是最富有的阶层的住房成本却减少了 9%。而另一端，处于底层的 20% 的人口的住房支出从 27% 增加到了 39%。产生这一变化的原因与人们是租房还是拥有自己的房产有关。一方面，这与租金在过去 10 年中一直飙升有关；另一方面，也与较低的收入水平按实际价值计算已经下降这一事实有关。再见了，涓滴效应！欢迎来到一个人们的生活开支突然成反比的世界。如果你愿意，这种费用覆盖从生到死的过程。

那么，在具有更多生物多样性、更健康的土壤、更多的二氧化碳储量和更优质的地下水的可持续农业中蓬勃发展的有机食品是否太昂贵了？住房是否会很快成为一种奢侈品？或者我们是否需要一个新的农业政策、新的最低工资以及一个能够应对自 2010 年以来土地、租金和房屋购买价格爆炸性增长的住房政策？一种以共同利益为导向的、可以同时影响土地、租金和房屋这三种价格趋势的财政政策在哪里？——你还记得价值创造和价值附加税之间的区别吗？

对此，请反复思考，货币价值和价格是如何构成的。它们绝非是与价值判断无关的数字，因为每一个将世俗现象转化为数字的过程都是一个关于价值观的决定。而每一个关乎价值观的决定都会影响我们在做出决策和评估政治及其公平性时所关注和考虑的因素，即政治总是参与到定价过程中。

所以，问题不在于是否应该有激励措施、颁布禁令或提高价格，而在于哪些措施在新的现实情况下已经失效并被错误地颁布了，阻碍了人们实现可持续性的生活方式。

市场不是一个没有规则的空间，而是通过规则创造出来的。这些规则影响着我们拥有或不拥有哪些自由，影响着我们被禁止和被允许做的事情，影响着创新的可能或不可能。

否则，获利很高的奴隶制可能不会被废除，人们也不会拥有享受8小时工作制和周末假期的权利。

美国语言学家乔治·莱考夫（George Lakoff）在他的《谁的自由》一书中指出，不仅存在被动获得的自由，而且也存在主动支配的自由，而后者就是自启蒙运动开始以来通过政府干预促成的自由。

政府法规带来了科学自由和研究自由，实现了大学扩建、公共卫生保健体制的建立，实现了言论、意见和集会的自由，也保障了所有公民在法律面前一律平等。政府法规带来了很多自由。也因此，一个没有政府监管和担保的金融市场是完全不可想象的。

否则，为什么有人会给你一栋房子，他则换取一叠纸，上面写着每月将从你的账户中转出的数字？

因为国家不仅惩罚违约行为，还要保证这些数字意味着赔偿。

为此，英格兰银行，即英国中央银行的5英镑纸币上写着这样一句让人一目了然的话：“我承诺向这张纸币的持有者支付5英镑的款项。”

坦率地说，当涉及道路交通时，每个人也都接受这种观点，即一个人的自由必须以不损害其他人的自由、不危及他人安全和健康为界限，并且需要政府法规确定这种行为的自由度。

为什么在通往可持续经济的道路上应该有不同呢？

1968 年，美国生态学家加勒特·哈定（Garrett Hardin）在一篇很有名的文章中描述了一种他称之为“公地悲剧”[①]的机制，英语是“Tragedy of the commons”，翻译成德语就是“Die Tragik der Allmende”。“公地”就是所谓的公共财产。加勒特·哈定以当地农民放牛使用的公共牧场举例，由于该牧场不属于任何人，因此无法阻止任何人使用它，这就导致了每个人都可能尽可能多地将牛赶到牧场上，并让它们尽可能长时间地停留在那里。所有人都把自己的短期收益置于公共资源的长期可用性之上，最终导致过度放牧，可供大家使用的草几乎没有了。个人的过度开发以牺牲所有人的利益为代价——这是一个无规则空间的典型结果，在这个空间里，每个人都表现得像一个理性经济人。从这个角度来看，市场不失败才令人惊讶。通常，这种公地机制只适用于传统的商品交换。

至少从“公地”的角度来说，几乎所有的经济学家现在都采取了这样的立场：过度捕捞、过度施肥或对雨林的

① 公地悲剧：过度开发公共资源导致市场失灵，又称“哈定悲剧”。——译者注

非法砍伐都证明了我们需要政府干预，以确定使用规则。最近，也许是最重要的例子是利用地球大气层作为二氧化碳的倾倒场。

我们既不能拥有一片大气，也无法阻止任何人使用大气。一个人、一家企业、一个国家释放到空气中的二氧化碳引起气候变化，其产生的后果影响到每一个人。现在引入一个足够高的二氧化碳价格，限制不公平的做法，并在中期消除它，恰恰是国家的前瞻性任务。在这种情况下，政府的关键任务不仅是向公平竞争的企业提供支持。我们还需要拟定新的协议，在这个新的协议中，我们不仅要关注一项单独的衡量标准是否会增加个别成本，还要全面审视构成美好生活重要基础的成本结构。

当商品变得稀缺时，市场无法解决所有问题。国家也不总是限制自由的一方；相反，很多时候国家是创造自由的一方。为了解决新出现的现实问题，我们必须摆脱刻板的思想方式，为全世界所面对的稀缺商品的局势找到适用于全球的解决方法，即使这在我们看来很困难。

思考八

公 平 性

我们常说要给得更多，不说少些索取；我们常说应该多做些什么，不说应该少做些什么。

——阿南德·吉里达拉达斯（Anand Giridharadas），记者兼作家几年前，生态学家史蒂芬·戈斯林（Stefan Gössling）提出了研究名人飞行情况的想法。他想弄清楚，这对气候变化有什么影响。有趣的是，以前没有人做过这样的研究。正如人们常说的那样，名人就是我们社会中的那些成功人士，他们受人敬仰、被视作榜样。这里提到的名人包括艺术家、演员、运动员、商界领袖和政治家，但也有越来越多的人不是因为他们的工作而出名，而是他们的工作就是成为名人。作为所谓的有影响力者（网红），他们将企业的品牌带到公众视野中，以此获得报酬。

史蒂芬·戈斯林分析了 10 个人在 2017 年的飞行动向——这 10 个人包括微软创始人比尔·盖茨（Bill Gates）、脸书首席执行官马克·扎克伯格（Mark Zuckerberg）、歌手詹妮弗·洛佩兹（Jennifer Lopez）、希尔顿集团继承人帕丽斯·希尔顿（Paris Hilton）、脱口秀主持人奥普拉·温弗瑞（Oprah Winfrey）和设计师卡尔·拉格斐（Karl Lagerfeld）等。这些数据在大众看来或许只能秘密获取，而戈斯林却是通过这些名人在社交网络中的公开资料收集而获取到了相应的数据。因为许多名人会通过 Twitter、Instagram 或 Facebook 这些社交平台公布他们何时去了哪里，以及此行的目的是什么。对于一些人来说，这是维护他们公众形象的一部分。他们所呈现的生活方式表明他们超级富豪的身份，这反过来又表明，每个超级富豪都应该像他们所展现出来的那样生活——就好像没有其他的形象和榜样来说明人们如何赚取金钱以及如何使用它。

在其研究期间，仅在 Instagram 这个以图片分享为特色的社交平台上就有超过 1.7 亿人关注这 10 位名人，为了参与他们的生活。

该研究称："尤其是年轻人可能把频繁飞行的身份看作是由名人塑造的社会规范。"

位于飞行常客名单榜首的比尔·盖茨在 2017 年至少有 350 个小时在空中飞行中度过，而且由于他主要使用私人飞机，他每年以这种方式排放了 1,600 多吨的二氧化碳。飞行常客名单排名第二和第三的帕丽斯·希尔顿和詹妮弗·洛佩兹也大多乘坐私人飞机，她们的二氧化碳排放量分别高达 1,200 吨和 1,000 吨。

这与社会正义有什么关系呢？

在过去，大家很容易相信世界上较富裕地区人们的生活方式与贫困地区人们的生活方式毫无关联。世界上有些人富有，有些人贫穷。如果要改变这种情况，穷人也必须努力才能致富。那么富裕的人从穷人的生活中夺走了什么呢?

科学不仅对气候变化有准确的认识，而且可以精确地预测排放多少二氧化碳可能导致全球平均地表温度上升多少，以及升温可能对地球造成何种影响，这种关系可以用数字很好地描述出来。

在 2015 年召开的巴黎气候大会上，国际社会几乎所有国家都决定将全球平均气温较工业化前水平升高幅度控制在 2℃之内。如果升温甚至可以控制在 1.5℃之内，那么根据科学报告的预测，气候变化在接下来的几年里将不会那么剧烈，人类适应气候变化的成本也不会那么高。以这个 1.5℃的升温限制为目标，如果从 2017 年底开始计算，人类还可以排放大约 4,200 亿吨的二氧化碳。

但是，目前人类每年向大气层中排放的二氧化碳总量高达 420 亿吨，因此我们从 2020 年初开始计算，距离该二氧化碳排放量的预算耗尽还剩不到 8 年的时间。在那之后，二氧化碳必须以一种实际上是“碳中和”的方式存在，这意味着新的排放量必须与大自然或海洋可以吸收的二氧化碳量保持平衡。我们必须在不到 8 年的时间内实现可能是历史上最伟大的经济、技术和社会转型。

为了实现这一目标，至少从时间上而言是极其紧张的。

如果我们将这一数值换算成人均二氧化碳排放量，这意味着从 2020 年初起，每个人还可以排放约 42 吨二氧化碳，才能令地球升温不会超过 1.5℃的限制。

让我们把注意力放回到比尔·盖茨身上。

比尔·盖茨——福布斯全球三大富豪之一——他的身家约 1,080 亿美元。短短一年内他就消耗了 38 人的排放预算——这一预算以不超过 1.5℃升温限制来标准，包括这 38 人在取暖、出行和消费方面需要消耗的二氧化碳排放总量。一个人只是为了自己，或者只是为了在社交网络上展示一下个人的飞机旅行，仅仅在一年的时间内就排放了数量如此巨大的二氧化碳。

现在仍然存在这样的情况：有一些人按照自己的方式生活，却几乎没有消耗任何二氧化碳的预算额度，因此可以将他们的预算份额提供给其他人。

当然，也并非所有的职业都与飞行活动有关。有些人面临着这样的情况：一部分家人生活在世界的另一端，所以在这种情况下要找到公平的公式并不容易。公平的公式从来都不易找到。

但在这种情况下有一个事实显然不公平：这些二氧化碳的极端排放群体中几乎没有人打算认真地质疑自己的生活方式。对此，我能看到的唯一原因是他们有足够的财力确保自己获取这些必要的生活资源。同样是利用这些钱财，他们能够做那些二氧化碳预算用尽的普通人所不能达成的事情——适应气候变化，搬到环境仍然很好的地方居住，仍能应付得起价格不断上涨、同时数量减少的食物的局面，也能让保险公司承担他们房屋毁坏的损失。气候变化及其原因在过去三四十年间已经为人所熟知，如果我们把这些人过去三四十年间造成的排放量累加，计算结果就会变得非常清楚。按照这些人一生的二氧化碳排放量来计算，他们的二氧化碳预算远远超出了规定值，他们必须每年减少数千吨的二氧化碳排放量，才能在 2050 年达到与世界上大多普通人大致相当的比例。

大家认为这样公平吗?

通过上面的解释，大家现在一定发觉了其中的关联。

正如我在前几章中所阐述的，如今我们生活在同一个世界并且面对同样的现实，我们必须遵守地球家园设定的各种行为限制。然而，事实是这种限制还没有渗透到人类的观念意识中，没有起到决定人类行为的作用：人们尝试以某种方式处理上述问题，然而大多数尝试并没有真正帮助我们调整自己的生活方式来遵守这种限制。

在我看来，原因很简单：接受排放限制的人也必须接受商品和污染权[①]是有限的这个事实。但如果蛋糕不能一直变

---

① 污染权：指排放污染物的权利，由美国人戴尔斯（Dales）于 1968 年提出。——译者注

大，就会自动呈现如何分配的问题。如果生态系统只生产一定数量的原材料并且只能吸收一定数量的废弃物和废气，那么下列问题就自然而然地出现了：原材料的使用量、废弃物的丢弃量和废气的排放量该分配给谁，又该分配多少。环境问题一直是分配问题，而分配问题一直是公平性的问题。

我已经提出了一些论据，这些论据在公众讨论中回答了正义问题。

经济增长将带来公平。

更高效的技术将带来公平。

可持续消费将带来公平。

同时我也阐述了，如果仔细观察所有这些论据，大家会发现它们始终在讲述同一个故事，在这个故事中蛋糕最终会变得越来越大。而正是出于这一原因，它们变成了来自虚幻现实的美好故事，虽然难以捕捉，我们却不愿放手。

如果不想将正在讲述或曾经讲述过这些故事的人归为恶人，那么我们起码可以说，这些讲故事的人做错了事。然而事实是，正是由于这些故事，关于如何在遵守既定限制的情况下公平地分配地球资源的问题并没有被明确、清晰地提出来，反而把这一问题推迟到未来去解决。还有一个事实是，从中受益最多的那部分群体已经从地球的资源中获得了超过平均水平的利益。

尽管如此，我们仍然一再听到生态目标与社会目标相冲突的说法。

我曾多次在专题讨论会中听到代表们呼吁“根深蒂固的目标冲突”，伴随着这些呼声，大家似乎有种如释重负的感觉，因为人们只有此刻才可以继续深思，这一切是多么困难。当然，人们不能立即采取行动解决困难。真正贫穷的国家和穷苦的人民很少出现在这些专题讨论会之中，而恰恰是他们才会在生态灾难中看到社会和人道主义的最大危机。因此，基于对“过度消费的国家”中经济实力较弱的群体的利益考量，进一步的不作为彰显出了利益既得集团对社会稳定因素的考虑。

我依稀有这样的印象：政治家、企业领导人，包括一些工会成员对2019年初发生在法国的“黄马甲”示威活动怀有无比感激的心情，这一系列抗议活动的导火索是人们抗议政府加征燃油税——法国为实现能源转型而提出的一项措施。从人们的抗议行为中我们可以得出这一结论：民众并不希望有真正的气候政策。

但民众想要什么样的气候政策？这个问题的症结在哪里？如何能够将其与面向未来的社会政策和进步政策相结合，从而使所谓的生态目标和社会目标之间的冲突变成目标的结合？社会公平性也可以从另一个方面，即从上层进行调整，这一见解在哪里？从何而来？如果我们不能确保这些变化影响到每个人，又该如何赢得人们对发展可持续经济所带来的巨大变化的支持？例如，当法国政府降低财产税时，人们有种心烦的感觉。

换言之：如果人们不把它理解为一个社会性的问题，该如何解决生态问题呢？

美国人约翰·罗尔斯（John Rawls）是20世纪政治哲学最重要的代表人物之一，他在20世纪70年代初以新的视角审视了分配问题。

罗尔斯认为世界上的根本问题是——如果改变现有的权力及资源分配模式，决策者、富豪以及有权势者则无法从中获取利益。而那些可能从这种新的分配模式中受益的人——即穷人和权力较少的群体，却几乎没有或根本没有改变现有分配模式的影响力。综上所述，其结果是公平性陷入越来越严重的困境中，而人们根本无法解除这一困境。

为了形象化地说明这一困境，罗尔斯建议，在精神上将自己置于“无知之幕”[①] 中。一旦被置于该幕布下，虽然人们仍然可以进行理性的思考，但是这种情况类似于轮回学说中的出生之前的蒙昧——人们对自己将投生于哪种环境中一无所知。个人出生时对自己的肤色、性别、国籍和家庭都无法预知，此外我特别想补充一点：你不知道你会出生在哪个时代。你可能是比尔·盖茨的孩子，但也可能

---

① 无知之幕：约翰·罗尔斯在《正义论》中提出的重要理论，英文是Veil of ignorance。——译者注

成为孟加拉国稻农的孩子。然而，在这个思想实验中，成为世界上顶级富豪的孩子是不太可能的。相比之下，生在贫穷人家的可能性则大得多。原因很简单，因为世界上的穷人仍然比富人要多得多。

罗尔斯从这个思想实验中推导出的问题是：如果我们不知道自己会在世界中占据什么位置，我们该如何建立这个世界？

这时，我们应该采取系统性的视角解决上述问题。在该视角基础上，我们就可以制定目标走廊，综合考虑多项措施，而不是孤立地权衡单项措施。因为根据罗尔斯的观点，我们所有人都能直观、正确地认识什么是公正、什么是不公正，而且目前的科学研究也可以用数据来支持罗尔斯的这一观点。

2011 年，心理学家和行为经济学家丹·艾瑞里（Dan Ariely）和他的同事迈克·诺顿（Mike Norton）曾在美国人中做过调查：他们认为社会中的财富应该如何分配，以及他们认为财富在当今的社会中的分配情形又是怎样的。在调查中，他们将人口按照贫富程度分为 5 个等级，受访者被要求指出每个等级分配到的财富比例。接受调查的美国人认为理想的分配比例如下：最富有的五分之一人口应该拥有 30% 的财富，最贫穷的五分之一人口应该至少拥有 10% 的财富比例。性别因素或党派因素（无论人们会投票给民主党还是共和党）并没有给调查结果带来显著差异。然而，在向受访者询问，他们认为财富在社会中的实际分配情况是怎样时，他们回答道：最富有的五分之一人口拥有近60%的财富，而最贫穷的五分之一人口只拥有不到5%的财富。

事实上，在进行该研究的时候，实际的分配情况是：社会上最富有的五分之一人口拥有近85%的财富，而贫困和最贫困的五分之一人口加起来只占有不到1%的财富。

换言之，美国社会的公平程度实际上远低于国内民众看到的情况。

自从这次调查以后，分配不均的情况愈发严重，以至于新的研究报告不得不单独说明前1%人口的分配情况。现在美国40%的家庭财富都集中在这1%的人口手里。

放眼世界上的其他国家，情况几乎没有任何不同。

世界不平等实验室（World Inequality Lab）致力于全球不平等的动态研究。这一机构发布的《2018年世界不平等报告》汇聚了世界各地100多名研究人员的工作成果。这一报告显示，自1980年以来全球贫富差距持续变大。世界上最富有的群体在这段时间内获得了超过世界财富增长四分之一的收入。在这近40年的时间里，占据世界人口0.1%的顶级富豪获得的财富增长数值与底层50%的人口相同。

人们无论怎样转换表述方式，事实都是如此：自全球化以来，经济增长创造了极大的财富。然而在这极大的财富中仅有少量被分配给占比极高的穷人们，极少数富人却得到了数量惊人的财富份额，而对于庞大的中产阶级来说，他们分配到的财富少到可以忽略不计甚至为零。此外，这份《世界不平等报告》还显示出另一个事实：在那些推行积极分配政策和社会政策的国家中并不存在如此极端的贫富差距。这意味着，如果脱贫确实是人类追求的政治目标，我们不再等待着靠那不受控制的涓滴效应来实现这个目标，等待着像潮水会托起所有的船那样，等待着通过经济增值使总财富增加，最终使穷人受益，那么脱贫的速度会比现在更快。让我们换个思路，如果一开始就不采用让经济继续增长的方式来减少贫富差距，而是从控制商品、资源和机会的分配入手，使社会分配接近于人们所认可的理想分配比例，情况又会怎样呢？

例如，第一步我们可以采取如下操作：将世界范围内的国内生产总值的 10% 一次性用于建设卫生系统、教育机构、有抵御灾害能力的农业，并为购买力较差的群体提供可再生能源。

这个数字就是 8.2 万亿美元。

是不是太多了？

这一数值是如何计算出来的？

根据经济学家加布里埃尔·祖克曼（Gabriel Zucman）的测算，这一数值是这个世界上的富人目前藏匿在避税天堂的财富总额。在避税天堂里，富人们可以享受各种免税待遇，原本这些税款应该用于投资利于公共福祉的设施。假设对这笔款项征收约 30% 的一次性税率（这一税率在许多国家都是正常的），那么 2.7 万亿美元的税款最终将进入全球公共财政。如果有了这笔财政预算，国际社会就可以对大家普遍关心的公共服务进行大量投资，就这一点，祖克曼在他的《谁动了国家的奶酪》（*The Hidden Wealth of Nations*）一书中已经阐述得十分清楚。

我们该如何调和这些不平衡呢？第一步我们应该思考：为什么我们在寻找解决方案时不能更诚实地探讨这些不平衡的问题？

让我们再回到类似比尔·盖茨这样的例子上：当系统出现操纵错误时，人们试图通过修正故障症状来解决问题，而不是着眼于系统本身。比尔·盖茨等人的例子描述了在这种情况下会产生出多少困难。比尔·盖茨的财富不是继承得来的，而是他创业智慧的结晶。世界上几乎所有人都知道或使用着微软的产品。比尔·盖茨和他的妻子梅琳达（Melinda）[①] 通过自己建立的私人基金会（世界上最大的私人基金会，存款超过 300 亿美元），多年来一直在开发预防艾滋病、结核病和疟疾等疾病的疫苗，并一直致力于改善非洲的农业供应。

---

① 两人于 2021 年 5 月离婚。——译者注

可以说，比尔·盖茨和梅琳达·盖茨在健康、教育和营养项目上投入的资金比许多通过民主选举出的政府还要多。

有人会说：比尔·盖茨每年从他的私人飞机上排放的二氧化碳难道不是很好的投资吗？他以此承接了世界各国政府未能充分解决的问题，这不是很好吗？

当然，有人承接这些问题是好事。但是，当政府由反对派、法院或选民控制时，比尔·盖茨基金会却可自主决定它为谁服务以及基金会的合作方。基金会制定了自己的办事程序和合作方法。根据民间组织“现在就要全球正义”（Global Justice Now）的说法，基金会为孟山都（Monsanto）这样的跨国化工集团或嘉吉（Cargill）这样的全球谷物批发商进入非洲市场铺平了道路，它还曾经持有或仍然持有孟山都及麦当劳等公司的部分股份，这些都被基金会归结为自己的事务。

美国记者阿南德·吉里达拉达斯（Anand Giridharadas）在其 2018 年出版的《赢者通吃》（*Winners Take All*）一书中，研究了这种形式的慈善事业如何将自己打造成一种“赎罪券买卖”，而并不想在政治框架条件、财富分配或自身参与特权方面带来任何真正的改变。

书中写道：“我们这个时代的赢家不喜欢这样的想法，即必须要让他们中的一些人真正有所失去和做出牺牲，才能让正义得到伸张。”类似于“赢家们享有着特权，这对于其他人而言实际上是不公平的，他们必须为了正义放弃自己的身份和地位”这样的观点，赢家们是不会有的。阿南德·吉里达拉达斯表示，这些时代的赢家能够忍受人们向他们提出多做善事的要求，并通过行善收获人们对他们的感激之情，“但绝不要奢望可以要求他们减少对环境的伤害。”

慷慨并不是正义。

“再分配”这个概念听起来像是有些人必须放弃一些本该属于他们的东西，而另一些与他们相比不那么成功、不那么聪明且不擅于经商的人应该得到被施恩一般的关注。但很难想象，自 1980 年以来高层管理人员在聪明值、商业头脑和勤奋值方面平均提升了 1,000%，而普通员工只提升了 12%。而上述数据正是 1978 年以来美国公司收入分配的发展情况。托马斯·皮凯蒂关于 21 世纪资本的大量实证研究工作也表明，日益加剧的不平等与其说是由管理者生产力的爆炸式增长导致的，不如说是由国家的税收政策引发的。他还提到这样一个实例：一家公司的高收入者位列另一家公司的监事会中，这样他们可以决定两家公司的薪酬结构。

公平不仅意味着分配公平，还意味着机会均等。机会均等意味着人们过上能满足自身需求的生活的机会均等，也意味着对生活条件产生影响的机会均等。

这个理念也适用于国家层面。

前段时间，世界资源研究所（World Resources Institute）

公布的数据表明，在1850年至2011年期间美国的排放量共占全球累积排放量的27%，紧随其后的是包括英国在内的欧盟国家，它们的排放量共占全球累积排放量的25%。类似中国、俄罗斯和印度这样的国家则远远地排在后面。当然，这让人们认识到这样一个事实：无论我们在北半球为对抗全球变暖做了多少或者可以做多少努力，这些努力无论如何都会被发达国家的巨大能源消耗所破坏。

正如上文所述，我们在很久以前就通过"全球气候贷款"为飞速发展注入动力，因而人类将在未来很长一段时间内背负这个抵押贷款。当像中国、俄罗斯和印度这样的国家排放的二氧化碳与美国相比至少持平时，我们才能实现公平。如果我们不能看到这一结论，如果美国不会突然停止目前这种导致高二氧化碳排放量的发展方式，那么我们只能换其他的方式在国家之间寻求平衡。

这种平衡是什么样子的呢?

以亚马逊雨林为例分析，根据德国亥姆霍兹环境研究中心（Helmholtz-Zentrum）的研究，亚马逊雨林的碳储量高达760亿吨，而且每年它还可以通过碳汇作用[①]吸收额外的6亿吨碳。因而亚马逊雨林是应对气候变化的一个重要因素，而应对气候变化又是国际社会的大事，难怪法国总统埃马纽埃

① 通过植树造林、植被恢复等措施，吸收大气中的二氧化碳，从而减少温室气体在大气中浓度的过程、活动或机制。

尔·马克龙（Emmanuel Macron）在 2019 年亚马逊雨林发生大火后表示关切，并对数以万计的山火摧毁部分地球“绿肺”情况表示担忧。但是另一方面，因为大部分热带雨林都在巴西境内，当外国政府首脑表示巴西应该更快、更果断地扑灭这些大火时，巴西总统雅伊尔·博索纳罗（Jair Bolsonaro）认为这是对巴西内政的干涉。

这是一种典型的国家间冲突。

巴西希望在经济上接近 GDP 成绩斐然的西方工业化国家。人均收入达到一定水平的国家在国际上被称为“新兴工业化国家”，从发展水平而言，他们即将踏入发达国家的门槛。

为了实现这一目标，巴西想要动用雨林现有木材、原材料和雨林下可能存在的原材料，更想开发雨林所代表的农业用地资源。这些农业用地通常先被用作放牛的牧场，然后被用作种植大豆的耕地。巴西是世界上最大的牛肉出口国和第二大的大豆出口国，我们在前面章节讲述德国用进口大豆饲养肉用牛和肉用猪时已经提及过这一点。欧盟 1991 年与南美地区的国家达成了进一步的协议，即所谓的南方共同市场协议（Mercosur-Verträge），以促进双方贸易发展。

世界上很多国家，如德国或英国，他们恣意开发了本国领土内的原材料，却没有受到外在的干预。如果这些国家不开采煤炭资源，而是将其留在地下，那么我们今天需要处理的大气中二氧化碳的排放量就会降低。

2002 年，韩国经济学家张夏准（Ha-Joon Chang）在一本名为《富国陷阱：发达国家为何踢开梯子》的书中描述了北半球的工业化国家是如何禁止发展中国家使用那些他们曾用于经济繁荣的方法：为保护国内经济而征收高关税、打击盗版产品或集中资本发展重要行业和关键领域。美国、英国、德国或日本等国家在历史上曾经采取过所有这些措施，今天他们故技重施，以进一步促进本国的经济增长。

“当一个人攀上了权力的顶峰，直接推倒他用来登顶的梯子是个好办法。”张夏准写道。

我们如何才能避免世界在竞赛中走向毁灭？我们如何才能正确理解公平正义，从而让人们不再彼此为敌而是相互合作，并将社会目标与生态环境目标统一起来呢？

我认为，针对公平正义公式的制定，我们首先应当着眼于未来并做出系统性的考量。正如约翰·罗尔斯在其“无知之幕”理论中所揭示的那样，虽然每一个个体对于“分配公平”这一问题的观点各不相同，但倘若我们不去直接比较这些观点，那么它们之间所显现的共性会比我们想象的大得多。

如果我们采用美国人的理想分配理念，那么他们认为世界 GDP 总额的 10% 应该分配给全球最贫穷的 20% 的人口，这相当于在避税区的 8.2 万亿美元。按照年收入来计算这就是人均 1 万美元多一点，按天计算是人均 27 美元。

因此，正如我在“人类与行为”一章中所述，将极端贫困线定为日收入低于 7.4 美元甚至 15 美元并非不可接受。世界银行在此之前将国际贫困标准定为日收入低于 1.9 美元，然而，正如罗尔斯所认为的那样，倘若我们简简单单将国际贫困标准定在这一数额，而不去考虑那些高收入者，那么制定这一标准的合法性便值得质疑。设定这种标准的只可能是那些身居高位而未尝人间疾苦的人。

全球可持续发展目标的口号是“不让任何人掉队”（Niemanden zurücklassen）。然而如果考虑到地球各种资源皆有限这一现实，那么我们便可将这一口号反过来说，即“不让任何人领先”。

这一公平正义公式还有利于“无形的手”持续发挥其效力，促使其更好地协调不同利益主体间的关系，从而取得一个令不同利益方都相对满意的结果。就这一问题，奥利弗·里希特斯（Oliver Richters）和安德烈亚斯·西蒙尼（Andreas Siemoneit）在其《修复市场经济》（*Marktwirtschaft reparieren*）一书中做出以下论述：“产权明确了责任关系，避免某个利益方遭受忽视与冷落。因此就这点而言，产权关系有着极其重大的意义。然而产权并非万能，这是因为它首先应从社会层面而非个体层面发挥作用。譬如，产权虽然能够在不具名的个体间实现劳动分工，但却对资本积累无能为力。同时，产权也应有其权利的极限，不能妨害他人的自由权益。它不应成为权力过度集中的帮凶，也不应让人尸位素餐，享受不劳而获的特权。”

此外，我们还应当看到，为一些领域设定上限甚至有可能对那些位高权重的人有利，这个想法一点都不荒谬。针对这一点，近年来许多社会学研究者搜集了证据，并证实了蒂姆·卡塞尔（Tim Kasser）提出的“物质主义心理效应”。根据其观点，社会发展呈现出越来越偏离于机会均等的趋势。在这一趋势下，金钱、财富与声望成为衡量价值的唯一尺度。而当“物质主义心理效应”与一个机会和财富分配严重不均的社会相结合时，那么即便是这一社会中相对富裕的阶层也会蒙受巨大的压力。

2019 年，迈克尔·桑德尔（Michael Sandel）出版《贤能暴政》一书，而丹尼尔·马尔科维茨（Daniel Markovitz）也于同年完成其著作《贤能陷阱》。在该书中，马尔科维茨阐述了为何“贤能统治”（Meritokratie）会伤及每一个人，以及那些顶尖收入群体为了维持其高收入、高消费和奢靡的生活方式究竟付出了怎样的代价。为了维持这一切，这些“精英人士”贡献了自己的一生，甚至有时还需要以牺牲健康为代价：当他们还是孩子的时候，便进入“精英”幼儿园——这是他们一生中遭遇的第一个精英培养机构，而在这之后，他们又进入“精英”学校，承受着普通学校同龄人三倍的学业压力。在硅谷，有抑郁症迹象的高中生比例为54%，有中度到重度压力迹象的比例则超过80%。而银行家的工作时间则是从9点到5点，但并非“朝九晚五”，而是“朝九朝五”，即从早上9点到次日凌晨5点。在巨大的压力下，这些“精英人士”牺牲了与家人、朋友相处的时间，也牺牲了用以维持身体健康的时间，而他们的工作本身也失去了意义。

但为了维持与“顶端”阶层的联系，收入一定不能少。

你知道所谓“上限”的具体含义是什么吗?

它意味着足够的累进税和合理的卡特尔法[①]。

由此看来，公平正义既是我们追求的社会目标，也是保障实际生活质量和促进社会凝聚力的一种手段。

摆在我们眼前的还有另一个问题，即我们应当如何以面向未来的姿态，系统而有条不紊地审视和解决环境问题。

以亚马逊热带雨林为例，厄瓜多尔政府曾在拉斐尔·科雷亚（Rafael Correa）总统的领导下通过深入谈判达成一项协议。该项协议内容包括建立一项基金，富裕国家向其注入资金，从而避免开采埋藏在厄瓜多尔亚苏尼国家公园地下的石油。然而这一计划随后因广受质疑而破产，因为人们担心厄瓜多尔当局会在基金里的钱用完之后立刻开始对石油的开采。但说到底，这件事本质上是一个政治意愿问题以及寻找

---

① 卡特尔法：联邦德国反对限制竞争法，德语是Kartellrecht。——译者注

好的机构的问题——通过区块链等新兴技术的手段保障长期转让将是一个不错的解决办法。在这种情况下，社会目标与生态目标之间并不存在利益冲突。

还有一个例子是“地球大气信托基金”（Earth Atmospheric Trust）。这一设想由生态经济学家基于诺贝尔奖得主埃利诺尔·奥斯特罗姆（Elinor Ostrom）的理论提出。按照这一设想，如果某个人的碳排放量超过了他的碳预算份额，他就应当向信托基金支付相应的金额。这笔金额当中的一部分会无条件地付至每一个人，作为其个人收入的一部分，而其余的钱将用于能源系统的改建或用来投资其他气候保护项目。这样一来，由于穷人占用的碳预算份额较少，他们将获得更多的收益。德国也有类似的二氧化碳定价提案，但这一提案却最终遭到否决，无论是哪个学派的经济学家都对此举大为不解。

但是，欧盟在排放交易计划下所谓的“欧洲共力分担”（European Effort Sharing）机制实则是一种“负担的分摊”（Lastenteilung），具体措施是，如果德国不迅速修改其应对气候问题的政策，那么它必须向邻国支付高达600亿欧元的罚款。

以上种种操作机制，即便在今天看来也相当超前。然而我坚持认为它们正是人类社会所亟须的。而之所以秉持这一看法，是因为这一系列机制的确立体现了立足未来的战略眼光，即过去的资源密集型发展模式使一部分人享受了红利，积累了资本，因而这部分人在今天就更有能力也应当为生态环境建设做出更大的贡献；而在彼时未能享受红利的另一部分人，如今已经不可能再通过曾经的大规模采掘模式获取利润，因而我们不应当在生态环境问题上对其苛责。

这是公平正义之举，而非慷慨施舍。

我们所处的时代危机四伏。在这样一个时代，我们不能把眼光仅仅局限在个人得失上，而应当更多地关注如何共同利用已有资源为整体谋求福祉。我们可以想一想几年前易北河[①]流域的水灾，当洪水来袭，每个人都行动起来，力所能及地贡献自己的一份力量——有的人提供沙袋、拖拉机、卡车、住房等硬件设施，有的人出钱，有的人出力，有的人提供信息上的便利，还有的人为救灾人员提供咖啡、茶、三明治这类饮食的补给。

而我们今天又在做什么呢？

我们互相嘲讽，吹毛求疵：你给的沙袋太大啦！他那台拖拉机太小啦！那辆卡车颜色不对，怎么这么绿呢？这是谁提供的房子啊，怎么这么差劲？你能亲自确保你提供的

---

① 易北河是中欧主要航运水道之一，发源于捷克和波兰两国边境附近的克尔科诺谢山南麓，在德累斯顿东南 40 公里处进入德国东部，在下萨克森州库克斯港注入北海。全长约 1,165 公里，其中大约三分之一的部分流经捷克，三分之二流经德国。——译者注

这条消息的真实性吗？赔偿金的金额有问题，按他家跟河流的距离测算，他不该拿这么多！是谁提供的咖啡，味儿也太淡啦！——诸如此类林林总总的无端指责。可是当我们面对真切发生的灾难时，这些抱怨和指责又有什么意义呢？

事实上，我们完全可以做得更好。

公平正义原则是实现全球经济可持续发展的关键。只有坚持公平正义原则，我们才能不偏不倚、协调处理好生态问题和社会问题。这两者本身就是一个整体，只能一起解决。

为了实现这种新形式的公平正义，我们必须首先摒弃一些曾在经济发展理论中占统治地位的“不二法门”，同时，我们也可以将它们日渐增长的副作用抛掷身后，并走上一条新道路。

思考九

思考与行动

当一些人认为“通过致富的伟大梦想去实现人生意义”对我们这个时代产生了深刻的影响时，这留给我们的却是无法摆脱的不适感：沉迷于在创造性的劳动中寻求最优解和让生产效率最大化，让我们忘却了该如何与生命快乐的奥秘保持联结。

玛利亚·波波娃（Maria Popova），作家几年前，当我还在伍珀塔尔研究所（Wuppertal Institut）工作时，我们曾举办过一系列研讨会来探讨应该如何将能源供应系统朝着可持续方向进行转变。我们当时邀请了来自欧洲各地的年轻人，他们有的来自公司企业，有的来自政府部门，还有的则来自非政府组织。这些年轻人作为各自领域的决策者，都面临能源系统升级换代的战略性任务。通过这一系列研讨会，我们试图让他们明白一个事实，即我们做出的每一个决定实则都是在一系列条条框框下得出的结果。在这些条条框框的干预下，我们会判断哪些操作途径是符合实际的，哪些是可行的，而哪些又是值得期冀的。这些条条框框就像困住我们的“黑箱”，时时刻刻限制我们思考和行动的范围。

在创新的过程中，我们不仅应短暂跳出思维定式的“黑箱”进行思考，以获得新想法来应对新的小变化；而且同样有意义的是，走出“黑箱”，审视“黑箱”本身，也许我们甚至想要对“黑箱”本身做出一些改变。

我们举办的研讨会旨在为参与者提供科学知识，并向他们展示新的视角。我们希望与会者能以此了解到应当如何在推进重大变革的过程中保持耐心，巧妙地推动实施。临近结束时，至少在我的印象中，大多与会者最终受益匪浅，他们急切盼望着返回各自的工作岗位，将新理念付诸实践。

“恼人的礼拜一”指的是什么？想必大家都有这样的经历：在参加完一个有趣的活动或聆听完一场精彩的讲座之后，我们如醍醐灌顶，茅塞顿开，头脑中装满了各种想法，并雄心勃勃地想要马上尝试这些新方法。然而当我们回过神来，才发现自己仍旧身处之前那个组织，整天面对同一群人，大家仍旧追寻着那些司空见惯的老目标，每日的工作流程一成不变，还是那一通通电话，一场场会议，一切都未有丝毫改变。我们想提醒与会者为这种日后可能遇到的状况做好准备。

我也希望大家能为此做好准备。

如果你已经从限制思维与行动的“黑箱”里跳出来了，那就意味着我的期待与本书所论及的内容开始发挥作用了。从“黑箱”中跳出，可能表现为你用不同的眼光看待周遭的世界，可能表现为你不再相信某些确定无疑的故事，可能表现为你会发现事物间存在着其他的关联，也可能表现为你开始尝试去驳斥那些曾经被你和他人视为“理所当然”

的共识。若我所愿奏效，你甚至可能已经对迈向可持续发展的未来的步骤产生了想法。一个实现可持续发展的未来社会意味着人与自然达成和解，而其内部大大小小、推动社会向前发展的驱动力则变得平和，它们让人类社会的生活方式不再谋求所谓的“为最广大群体最大限度地带来福祉”，也不再允许谋求“人类福祉所依赖的生存基础资源得以再生”。可持续发展的未来社会是一个人与人能够更好地相互分享的社会，是一个我们要学会懂得知足的社会。

然后你抬头一看，世界还是老样子，而与你以某种方式打交道的人也未有丝毫改变——或许他们本来就希望一切都保持原样吧。

这就是你所遭遇的“恼人的礼拜一”。

那么我们如何才能改造一个新理念下的世界呢?

当你读完这本书，我希望我们能取得共识，即这个世界必须改变。“一切照旧”是不可取的，因为这样容易走极端，造成不良后果。

即便我们不作任何改变，也会自然地发生很多变化，只是这种改变并不能让世界朝着好的方向发展。我们的经济体系不会停滞不前，直到我们再为之奋斗三十年后，最终就我们希望进行的最小的改变达成了一致——只要这些改变不破坏我们盲目的经济增长。我们每个人都是系统的组成部分。在这个庞大系统中，没有无根之木、无源之水，人与人相互联结，交织成网。无论我们是否愿意，无论我们是否做出改变，系统中每一个个体的行为都会对系统整体产生影响。但这也意味着我们可以让改变朝着我们需要的方向发展。严格来说，我们不仅可以这样做，我们也应当这样做，因为这是我们的责任。如果我们想看到一个朝我们所期待的方向改变的世界，那么每个人都当亲力亲为，时时刻刻让自己成为这种改变的一部分，即使这种改变在最开始的时候显得是那么微不足道。

但话又说回来，这个世界并不会因为你读了这本书，或者我写了这本书就变得大不一样了。毕竟我不是哪个工业大国的政府首脑，也不是某个跨国集团公司的董事长，你想必也不是吧。退一步讲，即使哪个大人物阅读了本书，单凭其个人能力和影响力也无法让整个系统回归到健康状态。因为在与他人接触的过程中我了解到，像这些位高权重的、富有影响力的人物也在试图让一系列的约束性条款落地。他们希望一方面利用这些条款引导技术创新和投资的方向，另一方面也希望以此唤起大家的信心，让这些条款长期生效。

这就是我在本书中所说的社会契约。作为德意志联邦共和国的公民，我们呼吁建立这种面向未来且以谋求共同福祉为目标的责任承担形式。我们个人也应遵守这一规范。

无论如何，民主并不总意味着我们非要等到选举日或亲自领导政府和公司的时候才能为民主做些事情。民主也体现在日常生活中，只因为某人是政府首脑或企业领导，他/她无法自发地去做一些事。民主只可能发生在许多想要认真对待它的人身上，这也意味着它要依靠每一个人去推动。首先，我们要仔细审视前面提到的“黑箱”，思考什么是有意义的，什么是权宜之计，以及根据哪些信念、惯例和模型，我们从许多可能的步骤中选择下一步方案。

在“新的现实”这一章里，我提到有一名宇航员从太空中拍摄了地球的第一张照片，借此表明我们人类对事物的印象是多么重要，以至于它决定了人类会如何探讨和对待该事物，同时也决定了人类将会与其处于怎样的关系之中。通过勾勒一系列问题给我们的印象——这包括我们如何看待地球及其本质，我们人类的存在方式是什么，社会进步的目的是什么，技术的作用是什么，怎样才能实现公正等，我们才得以解释某种事物存在于世的可能性。

我欢迎任何人对其中一些印象提出质疑。

对我来说，重新思考我们的世界就像一次争取解放的奋斗。即使我们不可能立即关停看不到尽头的输送自然资源的传送带，即使这是一个令人感到非常突然和不悦的举动，但至少我们有清晰的思维、强大的创造力、勇气和信心实现循环再生发展。实现可持续发展的目标需要相当多身居高位的人，我们所有人都能做出一份贡献。也正因此，本书频繁使用了带有“我们”的表述。

即使你在许多地方不同意我的观点，我们大家也都在网络系统中以相互矛盾的观点联系在一起了，我们可以冲着对方大吼大叫、生气或骂对方一顿。这是目前我们可以观察到的一种趋势。再或者我们决定彼此学习，开诚布公地说出我们认为真正重要的东西，愿意分享当我们谈到某些概念时自己的看法。也许你觉得这很傻，但我们的孩子在日托托儿所就是这么学的。这并不是说遇到矛盾就完全不争论，而是为了再一次弱化自我在“我们”位置上的重要性。

越有人竭力宣称某件事物是唯一选项，你就越应该准确地刨根问底。这里我强调“准确地”。不要让自己被快速获取的答案、疯狂的数值分析、复杂的缩写和术语骗得晕头转向，而所谓“直觉告诉我的答案”也不可取。你的追问是一种带有反馈回路的循环，它会产生刺激、引发反思、获得效果。不同的反馈回路在某社会领域中发挥作用，其社会发展方向也随之发生改变。即使你在那一刻没有得到理想的答案，你也留下了某种效果。我们所有人都可以且应该有意识地利用这些效果，将其转化成自己意识的一部分。

在危机时期，这种对“黑箱”本身的“刨根问底”则更是难能可贵。我们得以从限制我们思想和行动的条条框框中跳出，并且搞清楚这个“黑箱”有哪些部分值得人们重新审视。我们的“刨根问底”动摇了“黑箱”的根基，让它变得不稳定，而它越是不稳定，我们就越有勇气迸发出新的思想和理念。而勇气正是今天所亟须的。

在民主社会，我们不仅需要从国家政府层面获得勇气，还需要依靠民众，从他们那里得到支撑。长久以来我们已经习惯于将一切换算为金钱，并赋予金钱高于一切的价值，而我们需要做的正是打破这种我们感到习以为常的观念。

还有一个常常被人忽略的深层因素阻碍着可持续经济发展模式的实现，那便是整个世界及人际关系的全面金融化。社会经济活动如分工、合作、价值创造、价值衡量本不该基于单一尺度，它们完全可以以其他的方式被组织和表达。单一文化也使我们的经济状况不堪一击。因此，实现可持续发展社会的中心任务不再是环境部、发展部和社会事务部的工作，而在于财政部和经济部。最后提到的这两个部门目前拥有对各种数据和概念的解释权，而这些数据和概念正是“黑箱”的建造基础。

为了实现可持续发展的目标，社会各个层面都需要将勇气付诸实践：消费者需要鼓起勇气从那些致力于造福未来、努力研发创新技术的公司购买产品与服务，从而让它们在激烈的市场竞争中存活下来并得到长久的发展；媒体需要鼓起勇气从不同角度报道法律制定的目标及其带来的影响，以及经济发展进程中各个层面的问题；大型企业需要鼓起勇气将自己创造的社会和生态价值写入公司财报；而投资者也需要鼓起勇气将创造社会与生态价值的多寡定为衡量投资目标的优先原则；市长则需要鼓起勇气邀请其市民共同规划市政项目；教育部长及各校校长也需要鼓起勇气将可持续发展的知识写进教科书，带进课堂，让这些知识赐人以慧眼、能力与勇气——这正是21世纪所需要的。

发挥自我效能是我们在危机中从被动防御转向主动解决方案设计的最佳方式。并且如果我们以理解和合作的方式活出自我效能感，那么其他有能力的人也会比大家现在所想象的更快进入行动状态。

在我们的研讨会结束之际，我们总会在与会者回到原来的工作环境去实施新计划之前给予他们三条建议。

首先，请保持友好和耐心并坚持下去。如果你在这一过程中遇到阻碍，尝试退一步，观察限制你思想和行为的“黑箱”，思考是否有可能采取另一种解决方法。其次，有很多切入点可以给我们带来变革的灵感：它们可以是愿景、语言、数字、激励措施、流程、办公室的设计或文化交融；外部专家的讲座、成功先驱者的例子或新联盟都是最好的资源。

最后的建议是：寻找可以和自己并肩作战的同伴。我向你保证，当你积极去寻找的时候，你获得的收获会比你想象的要多得多。去寻求适合自己的语言和处理事物的方式，抑或立刻去寻找与你志同道合的新组织。

对我们而言，日常中越脱离旧的想法，新的方向就越清晰可见。总是存在更多不同的方法改变“黑箱”，此任往往落在了很多英雄的肩上。欣赏其他不同的技能和贡献，与分享和传播成功的积极故事、遭遇问题时敞开胸怀同样重要。

不要让“恼人的礼拜一”拖累你，一个星期不止礼拜一这一天。这也解释了为什么善待自己并牢记心理学知识与幸福研究的结果如此重要：一个人对某项事业的内在驱动力是比外界的认可更为可靠的推进力。如果对问题的认识还不够全面与深刻，那么这种来自外部的鼓励起初往往作用不大，特别是在类似改建能源系统这样的大型变革过程中。我非常了解这种感觉。专注于你力所能及的事情，同时不要太在意你力所不及的事情——这也包括社会环境对你所做事情的不良反应。要忠于自己的初心，此外，也应认识到自己无法承担更多的责任，因为现有的责任已经足够大了。最后，这一点非常重要：让幽默和笑声充满你的生活，永远不要让它们离开自己。缔造未来就是我们活着的意义！

当然，没有人能够预言在我们摒弃旧的观念和历史后所创造的世界究竟会是什么样子。但是，如果我们在决策中将公共福祉放到一边，只进行关乎自身利益的决策，那么小决策带来的“专制”很快就会产生一个不同的历史：整体的总和大于其各个部分。

延伸阅读推荐

这里提供给大家一些可供进一步深入思考或了解更多信息的书目或平台。我试图让自己推荐的书目和平台涵盖不同的领域，因为每个人在不同的领域发挥着不同的影响，有着不同的倾向。大多数情况下，我更愿意推荐一些可阅读的平台而不是个人关于阅读书目的倡议，这样你就可以有更大的选择范围。

一、进一步思考

【推荐阅读 1】Tim Jackson, Wohlstand ohne Wachstum — das Update, München 2017.

蒂姆·杰克逊，《无增长的繁荣》修订版，慕尼黑：2017。

《无增长的繁荣》是一部对经济繁荣辩论有开创性影响的经典之作。今天，英国可持续繁荣理解中心（CUSP）的主任蒂姆·杰克逊（Tim Jackson）及其英国萨塞克斯大学（die Sussex University）可持续繁荣理解中心的同事们正在继续推进他提出的创无增长而实现经济、社会繁荣的思路。

CUSP 网址：https://www.cusp.ac.uk/

【推荐阅读 2】Kate Raworth, Die Donut-Ökonomie: Endlich ein Wirtschafts-modell, das den Planeten nicht zerstört, München 2018.

凯特·拉沃斯，《甜甜圈经济学：终于有了一个不再摧毁我们星球的经济模式》，慕尼黑：2018。

甜甜圈的外环象征着地球生态的天花板，内环代表了一系列国际公认的最低社会标准。这样一个甜甜圈符号让 2012 年联合国层面关于绿色经济的讨论取得了突破性进展，凯特·拉沃斯（Kate Raworth）在本书中提出了介于这两个界限之间的新型经济模式——甜甜圈模式。

甜甜圈经济行动实验室（Doughnut Economics Action Lab，简称 DEAL）网址：www.doughnuteconomics.org

【推荐阅读 3】Pavan Sukhdev, Corporation 2020: Warum wir Wirtschaft neu denken müssen, München 2013.

帕万·苏赫德夫，《企业 2020：为什么我们需要重新思考经济问题》，慕尼黑：2013。

帕万·苏赫德夫（Pavan Sukhdev）过去曾是德意志银行经济学家，现任世界自然基金会（WWF）主席。他首先领导了联合国的生态系统与生物多样性经济学（The Economics of Ecosystems and Biodiversity，TEEB）研究，然后将工作重点放在了企业结构改革以促进可持续创业。

【推荐阅读 4】John Fullerton, Finance for a Regenerative World, Capital Institute 2019—2021.

约翰·富勒顿，《再生世界的金融》，资本研究所：2019—2021。

约翰·富勒顿（John Fullerton）这位前投资银行家创立了一个智库，将生物系统的再生原则应用于经济解决方案的设计中，同时也将其应用于金融系统的重塑。

文章网址：https://capitalinstitute.org/regenerative-finance-2/

【推荐阅读 5】Maja Göpel, The Great Mindshift. How Sustainability Transfor-mations and a New Economic Paradigm Go Hand in Hand, Heidelberg 2016.

玛雅·格佩尔（Maja Göpel），《巨大的思想转变：可持续发展转型和新经济范式如何携手并进》，海德堡：2016。

这本书是关于可持续发展转型研究和可持续经济概念关联的专著，它还给出了2016年系统创新实验室培训方法的模板。

网址：www.greatmindshift.org

该实验室提供的手册：https://epub.wupperinst.org/frontdoor/index/index/docId/6538

【推荐阅读6】*Wellbeing Economy Alliance*（幸福经济联盟）

各种组织和个人为了发展服务于自然和人类的经济，进行研究、实验并出版各类书籍，组织各种社会活动，通过这些形式也使得彼此联系更为紧密，从而建立起联结组织和个人的全球网络。有一部分国家也开始认真对待另一种形式的财富测量方式，并成为这一全球网络的组成部分。

网址：www.wellbeingeconomy.org

【推荐阅读7】*Forum for a New Economy*（新经济论坛）

新经济主题平台的网址：https://newforum.org

【推荐阅读8】*Evonomics*（Online Magazin）《经济学》（在线杂志 Evonomics）

The Next Evolution of Economics（杂志副标题：经济学的下一步演变）

网址：www.evonomics.com

二、进一步行动

1. 消费和日常行为

可持续性产品:

乌托邦（Utopia）——该网站提供关于可持续生活的购买建议和背景文章

网址：www.utopia.de

Avocadostore——德国在线购物平台，可在线购买生态时尚和绿色环保产品

网址：www.avocadostore.de

Greenpeace（绿色和平组织）——可通过下面网址在线了解关于农业实践和农业政策方面的信息

网址：https://www. greenpeace.de/themen/landwirtschaft

以金钱为手段:

公平金融指南（Fair Finance Guide）——在该平台了解关于银行做法的信息。

网址：www.fairfinanceguide.de

可持续投资论坛（Forum Nachhaltige Geldanlage）——提供投资方面的信息

网址：www.forum-ng.org

德国金融协会（Finanzwende）——公民通过该协会参与应对变化的投资要求

网址：www.finanzwende.de

可持续旅游：

绿色旅行论坛（Forum Anders Reisen）——提供不同类型的绿色旅行选择

网址：www.forumandersreisen.de

Atmosfair zur Kompensation von CO2: www.atmosfair.de

德国非营利组织气候平衡（Atmosfair zur Kompensation von CO2）——通过在发展中国家实施补偿项目获得碳补偿

网址：www.atmosfair.de

2. 企业和组织

更完善的资产负债表：

共益经济（Gemeinwohl-Ökonomie）[①]

① 共益经济是一场倡导另类经济模式的社会运动，呼吁人们朝着共同利益和合作的方向努力而非追逐贪婪的利润增长和恶性竞争。——译者注

网址：www.ecogood.org

共益企业（Benefit Corporations）[①]

网址：www.bcorporation.eu

联合国全球契约组织（Global Compact）——全球可持续发展目标的指南针

网址：www.sdgcompass.org

新型的组织形式：

区域价值股份公司（Regionalwert AG）——在德国范围内将投资者和可持续的区域经济联系起来的公民股份投资公司

网址：www.regionalwert-treuhand.de

德国目的基金会（Purpose Stiftung）——责任所有制基金会，一种以员工为导向的企业法律形式

更多信息查询以下两个网址：www.purpose-economy.org, www.entrepreneurs4future.de

政治责任：

Stiftung 2 Grad 基金会——企业要求为气候保护制定政

① 一种新形态企业形式，它指的是运用商业的力量助力社会向好的盈利性公司。——译者注

治法规，基金会网址：www.stiftung2grad.de

全球银行业价值联盟（Global Alliance for Banking on Values）——银行解释必要的规章制度，网址：www.bankingonvalues.org

3. 乘数效应（Multiplikatoren）

教育：

全球目标课程（Global Goals Curriculum）——与经合组织（OECD）发布的《学习罗盘2030》（OECD Learning Compass 2030）合作掌握实现全球可持续发展目标所需技能。

详细信息浏览网址：www.ggc2030.org

媒体：

透视日报（*Perspective Daily*）——每日提供给大家海量新闻，任意挑选

网址：www.perspective-daily.de

Enorm 杂志——践行社会责任的杂志

网址：www.enorm-magazin.de

《新叙事》（*Neue Narrative*）——刊登新视角作品的杂志

网址：www.neuenarrative.de

三、进一步转型

1. 循环经济（Kreislaufwirtschaft）的持续发展

艾伦·麦克阿瑟基金会（Ellen McArthur Foundation）[①]

网址：www.ellenmacarthurfoundation.org

从摇篮到摇篮（Cradle to Cradle）[②]

网址：www.c2c-ev.de

2. 当地政治觉醒

German Zero——编写 1.5℃气候立法方案，组织进行地方气候决策

网址：www.germanzero.de

生态社区（*Ecovillages*）——1991 年，吉尔曼首次提出生态社区的概念，之后全球生态社区网络（Global Ecovillage Network，简称 GEN）正式成立，标志着全球性推动城市实现永续发展战略的诞生。

网址：www.ecovillage.org

① 自其 2010 年成立以来，致力于推进世界经济向循环经济转型。——译者注

② 简称 c2c，一种可持续工业设计理念。——译者注

团结农业（Solidarische Landwirtschaft）——城乡互助农业，指一群消费者组成“社群”，支持农民做生态农业，共同分享成果

网址：www.solidarische-landwirtschaft.org

转型城镇（Transition Towns）——构建全球性转型网络

网址：www.transitionnetwork.org

C40 城市集团（C40 Cities）——一个致力于应对气候变化的国际城市联合组织

网址：www.c40.org

3. 德国和欧洲层面的政治觉醒

德国自然保护组织（Deutscher Naturschutz Ring）——社会生态转型地图

网址：https://www.dnr.de/sozial-oekologische-transformation/?L=46

德国的可持续发展战略

网址：www.dieglorreichen17.de

对话：在德国的美好生活（Dialog: *Gut Leben in Deutschland*）

网址：www.gutlebenindeutschland.de

可持续发展目标观察（SDG Watch）——民间社会支持在欧洲实施可持续发展目标

网址：www.sdgwatcheurope.org

欧洲进步人士（European Progressives）——2019—2024年可持续平等报告

网址：https://www.progressivesociety.eu/publication/report-independent-commission-sustainable-equality-2019-2024

罗马俱乐部（Club of Rome）——《地球应急方案》（Planetary Emergency Plan）

网址：https://www.clubofrome.org/2019/09/23/planetary-emergency-plan/

WWWforEurope——三个w分别代表福利（welfare）、财富（wealth）、工作（work），它们指的是欧洲的福利、财富和工作研究项目，旨在为新的竞争力和转型提供思路。

网址：https://www.wifo.ac.at/forschung/forschungsprojekte/wwwforeurope

4. 塑造社会创新

进步中心的无政府主义会议（Innocracy Konferenz des *Progressiven Zentrums*）

网址：https://www.progressives-zentrum.org/innocracy2019/

英国国家科技艺术基金会（Nesta Foundation in London）

网址：www.nesta.org.uk

致 谢

像这本书一样，与个人诉求密切相关的书都需要他人的支持。幸而在这本书的创作期间，我得到了乌韦·施奈德温德（Uwe Schneidewind）和托马斯·霍尔兹尔（Thomas Hölzl）的大力鼓励和支持。乌尔施坦出版社（Ullstein Verlag）的两位职员玛丽亚·巴兰科夫（Maria Barankow）和朱莉娅·科西茨基（Julia Kositzki）非常友善，她们也给予了我不懈的支持。我向他们所有人表示感谢。我还要感谢德国联邦政府全球环境变化科学咨询委员会（Der Wissenschaftliche Beirat der Bundesregierung Globale Umweltveränderungen）办事处的团队，感谢他们对我不规律的工作时间表现出的宽容。此外，我还要向乔纳森·巴特（Jonathan Barth）致以真诚的感谢，因为在他的帮助下我才得以顺利完成“增长与发展”那一章节的内容。同时，我感到非常荣幸可以拥有塔尼娅·鲁齐斯卡（Tanja Ruzicska）这样的审稿人，她真的是一位非常出色的编辑，眼光敏锐且待人真诚。并且在我创作该书期间一直坚定不移地陪伴着我，给予我心理上的安慰和支持。我想要授予她积极心理学奖！

但我最要感谢的是我的母亲，在创作期间，我因为过多任务而崩溃时，是她给予了我最大的支持，让我有了继续前行的动力。我也要感谢我的父亲，他也在 2019 年这并不容易的一年里给予了我莫大的支持。我要感谢提到的所有人，正是有了他们的帮助才最终有了这本书的顺利出版。

注释与参考文献

[1] Vgl. Apollo Flight Journal, https://history.nasa.gov/af /ap08f / 16day4_orbit4. html (zuletzt abgerufen am 06.01.2020).

[2] Roger Revelle, Hans E. Suess, »Carbon Dioxide Exchange Between Atmosphere and Ocean and the Question of an Increase of Atmospheric CO2 during the Past Decades«, in: *Tellus*. Informa UK Limited, 9 (1): S. 18–27.

[3] Carbon Dioxide Information Analysis Center: »Seit 1751 wurden aus dem Verbrauch fossiler Brennstoffe und der Zementherstellung etwas mehr als 400 Milliarden Tonnen Kohlenstof in die Atmosphäre freigesetzt. Die Hälfte dieser CO2-Emissionen aus fossilen Brennstoffen ist seit Ende der 1980er-Jahre entstanden. « https://cdiac. essdive.lbl. gov/trends/emis/tre_glob_2014. html (zuletzt abgerufen am 06.01.2020).

[4] Vgl. etwa »Kein Mensch will Tiere am ersten Tag töten«, in: *Tagesspiegel*, 31.03.2015, https://www.tagesspiegel.de/wirtschaf/gegenkuekenschreddern-kein-mensch-will-tiere-am-ersten-tag-toeten/ 11578688.html oder auch »Das Gemetzel geht weiter«, in: *Süddeutsche*, 29.02.2018, https://www.sueddeutsche.de/wirtschaft/kuekenschreddern-das-gemetzel-geht-weiter1.3924618 (zuletzt abgerufen am 06.01.2020).

[5] Siehe »Burning Deadstock? Sadly, ›Waste is nothing new in fashion‹« (Toten Lagerbestand verbrennen? Leider ist ›Abfall nichts Neues in der Mode‹), Fashion United, 19.10.2017, https://fashionunited.uk/news/fashion/burning-apparel-deadstock-sadly-waste-is-nothing-new-in-fashion/2017101926370 (zuletzt abgerufen am 06. 01. 2020).

[6] Unsere gemeinsame Zukunf. Der Brundtland-Bericht der Weltkommission für Umwelt und Entwicklung, hrsg.von Volker Hauf, Greven 1987, https://www.nachhaltigkeit.info/artikel/brundtland_ report_563. htm?sid=pvfd56tpehme3l8t9vfn4do4r2 (zuletzt abgerufen am 06.01.2020).

[7] Robert Solow, »The Economics of Resources or the Resources of Economics« (Die Ökonomie der Ressourcen oder die Ressourcen der Ökonomie), in: *American Economic Review*, 1974, 64 (2), S. 1–14, hier S. 11.

[8] Siehe Bundesamt für Naturschutz (Hrsg.), »Bestäubung als Öko-

198dienstleistung«, https://www.bfn.de/themen/natura-2000/eu-und-internationales/schutz-der-bluetenbestaeuber/bestaeubung-als oekosystemdienstleistung. Html (zuletzt abgerufen am 06.01.2020).

[9] Robert Costanza, Rudolf de Groot, Paul Sutton, Sander van der Ploeg, Sharolyn J. Anderson, Ida Kubiszewski, Stephen Farber, R. Kerry Turner, »*Changes in the global value of ecosystem services«, in: Global Environmental Change*, Vol. 26., 2014, S. 152–158.

[10] Vgl. James Gamble, »The Most Important Problem in the World« (Das wichtigste Problem der Welt), in: *Medium*, 13.03.2019, https://medium.com/@jgg4553542/the-most-important-problem-in-the-world-ad22ade0ccfe (zuletzt abgerufen am 06.01.2020).

[11] Das Zitat stammt aus Ernst Friedrich Schumachers Buch »Good Work« (1979), das auf Deutsch unter dem Titel »Das Ende unserer Epoche« (Reinbek 1980) erschienen ist. Das Originalzitat finden Sie auf der Homepage des Schumacher-Instituts: https://www.schumacherinstitute.org.uk/about-us/ (zuletzt abgerufen am 16.01.2020).

[12] Henrik Nordborg, »Ein Gespenst geht um auf der Welt – das Gespenst der Fakten«, https://nordborg.ch/wp-content/uploads/ 2019/05/Das-Gespenst-der-Fakten. pdf (zuletzt

abgerufen am 06.01.2020).

[13] Vgl. Umweltbundesamt (Hrsg.), »Stromverbrauch«, 03.01.2020, https://www.umwelt-bundesamt.de/daten/energie/stromverbrauch sowie Umweltbundesamt (Hrsg.), »Energieverbrauch nach Energieträgern, Sektoren und Anwendungen«, 03.01.2020, https://www.umweltbundesamt.de/daten/energie/energieverbrauch-nach-energie traegern-sektoren (zuletzt abgerufen am 06.01.2020).

[14] Vgl. Ernst Ulrich von Weizsäcker, Andus Wijkman u. a., Wir sind dran, Gütersloh 2018.

[15] Zitiert nach Heinz D. Kurz, »Eigenliebe tut gut«, in: *Die Zeit*, 01/1993, https://www.zeit.de/1993/01/eigenliebe-tut-gut/komplettansicht (zuletzt abgerufen am 16.01.2020).

[16] Vgl. Jason Hickel, »Bill Gates says poverty is decreasing. He couldn't be more wrong«, (Bill Gates sagt, Armut ginge zurück. Er könnte nicht falscher liegen) in: *The Guardian*, 29.01.19, https://www.theguardian.com/commentisfree/2019/jan/29/bill-gates-davos-global-poverty-infographic-neoliberal (zuletzt abgerufen am 06.01.2020).

[17] David Woodward, *»Incrementum ad Absurdum: Global Growth, Inequality and Poverty Eradication in a Carbon-Constrained World«,* in: *World Social and Economic Review 2015, No.4.*

[18] Jan Göbel, Peter Krause, *»Einkommensentwicklung – Verteilung, Angleichung, Armut und Dynamik«*, in: *Destatis Datenreport 2018*, S.239–253, https://www.destatis.de/DE/Service/Statistik-Campus/Datenreport/Downloads/datenreport-2018-kap-6.pdf?__blob= publicationFile (zuletzt abgerufen am 06.01.2020).

[19] World Inequality Lab, Bericht zur weltweiten Ungleichheit 2018, deutsche Fassung, S.11, https://wir2018.wid.world/files/download/wir2018-summary-german. pdf (zuletzt abgerufen am 06.12.2019).

[20] Gabor Steingart, *»Konzerne manipulieren nach Belieben die Aktien – und der Staat schaut einfach zu«*, in: *Finanzen100 von Focus Online*, 08.11.2019, https://www.g nanzen100.de/finanznachrichten/boerse/konzerne-manipulieren-nach-belieben-die-aktienkurse-und-der-staat-schaut-einfach-zu_H1907961083_11325544/ (zuletzt abgerufen am 16.01.2020).

[21] Tagesschau, *»Milliarden für die Aktionäre: Geldmaschine JPMorgan«*, in: *boerse.ard. de*, 16.07.2019, https://www.tagesschau.de/wirtschaf /boerse/jpmorgan-gewinne-101.html (zuletzt abgerufen am 16.01.2020).

[22] Linsey McGoey, »Capitalism's Case for Abolishing Billionaires«, in: *Evonomics*, 27.12.2019, https://evonomics.com/

capitalism-case-for- abolishing-billionaires/ (zuletzt abgerufen am 16.01.2020).

[23] »Neue Wert-Schöpferin«, in: *Manager Magazin*, 08/2018 https://hef.manager-magazin.de/MM/2018/8/158462586/index.html (zuletzt abgerufen am 06.01.2020).

[24] Das von Jevons in seinem Buch »The Coal Question« (London 1865) beschriebene Paradoxon (siehe https://archive.org/stream/in.ernet.dli.2015.224624/2015.224624.The-Coal#page/n123/mode/2up) ist hier zitiert nach: Marcel Hänggi, »Das Problem mit dem Rebound«, in: *heise online*, 05.12.2008 https://www.heise.de/tr/artikel/Das-Problem-mit-dem-Rebound-275858. html).

[25] Vgl. Uwe Schneidewind, Die Große Transformation, Frankfurt am Main 2018, S.58.

[26] IVL Swedish Environmental Research Institute: »Lithium-Ion Vehicle Battery Production. Status 2019 on Energy Use, CO_2 Emissions, Use of Metals, Products Environmental Footprint, and Recycling« https://www.ivl.se/download/18.14d7b12e16e3c5c36271070/1574923989017/C444.pdf (zuletzt abgerufen am 14.07.2020).

[27] Tim Jackson, Peter A. Victor, »Unraveling the claims for (and against) green growth« (Die Forderungen für (und gegen) grünes Wachstum sortieren), in: *Science Magazine*,

22.11.2019, https://www. sciencemagazinedigital.org/ sciencemagazine/22_november_2019/ MobilePagedArticle. action?articleId= 1540189#articleId1540189 (zuletzt abgerufen am 06.01.2020).

[28] Holger Holzer, »Tesla Cybertruck in Europa möglicherweise nicht zulassungsfähig«, in: *Handelsblatt*, 16.12.2019, https://www.handelsblatt.com/auto/nachrichten/elektro-pickup-tesla-cybertruck-in-europa moeglicherweise-nicht-zulassungsfaehig/25338516.html?ticket=ST-40888407-bktfNHY7WE6wW5UKdJ6o-ap6 (zuletzt abgerufen am 06.01.2020).

[29] Philipp Staab, Falsche Versprechen, Hamburg 2016, S. 75–76.

[30] Georg Franck, Ökonomie der Aufmerksamkeit, München 1998.

[31] Vgl. Douglas Rushkof, »We shouldn't blame Silicon Valley for technologie's problems – we should blame capitalism« (Wir sollten die Schuld für die Technologie-Probleme nicht im Silicon-Valley, sondern im Kapitalismus suchen), in: *Quartz*, 24.01.2019, https://qz.com/1529476/we-shouldnt-blame-silicon-valley-for-technologys-problems-we-should-blame-capitalism/sowie: The Associated Press, »Ex-Google exec Harris on how tech downgrades humans« (Ex-Google-

Chef Harris darüber, wie Tech den Menschen downgradet), in: sentinel, 11.8.2019, https://sentinelcolorado.com/sentinel-magazine/qa-ex-google-exec-harris-on-how-tech-downgrades-humans/(zuletzt abgerufen am 06.01.2020).

[32] Stefan Lessenich, Neben uns die Sintflut, München 2016, S. 196.

[33] Vgl. https://www.aeb.com/media/docs/press-de/2019-10-02-pressemeldung-aeb-esd-abfallexporte.pdf (zuletzt abgerufen am 16.01.2020) sowie: https://www.handelsblatt.com/unternehmen/handel-konsumgueter/abfall-deutschland-exportiert-mehr-muell-als-maschinen/ 25078510.html?ticket=ST-383546-sm0R3FsRz0KKBvflTbnN-ap2 (zuletzt abgerufen am 16.01.2020).

[34] Vgl. Heinrich-Böll-Stiftung, Institute for Advanced Sustainability Studies, Bund für Umwelt-und Naturschutz Deutschland und Le Monde diplomatique (Hrsg.), Bodenatlas 2015: Daten und Fakten über Acker, Land und Erde, http://www.slu-boell.de/sites/default/files/bodenatlas2015.pdf (zuletzt abgerufen am 06. 01. 2020).

[35] Siehe auch Hartmut Rosa, Unverfügbarkeit, Wien und Salzburg 2018.

[36] Barry Schwartz, Anleitung zur Unzufriedenheit, Berlin 2004.

[37] Tim Kasser, The High Price of Materialism (Der hohe Preis

des Materialismus), Cambridge 2002.

[38] Derek Curtis Bok, The Politics of Happiness: What Government Can Learn from the New Research on Well-Being. Princeton, N. J. 2010, S.15.

[39] Armin Falk, »Ich und das Klima«, in: *Die Zeit*, 21.11.2019, https://www.econ.uni-bonn.de/Pressemitteilungen/der-klimawandel-verhal-tensoekonomisch-betrachtet-von-armin-falk (zuletzt abgerufen am 06.01.2020).

[40] Vgl. Heinrich Böll Stiftung (Hrsg.), »Fünf Konzerne beherrschen den Weltmarkt«, https://www.boell.de/de/2017/01/10/fuenf-agrarkonzerne-beherrschen-den-weltmarkt?dimension1=ds_konzernatlas (zuletzt abgerufen am 06. 01. 2020).

[41] Vgl. die BIP-Werte auf den Seiten der World Bank https://data.world bank.org/indicator/NY.GDP.MKTP.CD?view=map und die Markt-werte bei Statista unter https://www.statista.com/statistics/263264/top-companies-in-the-world-by-market-value/ (zuletzt abgerufen am 06. 01.2020).

[42] Mariana Mazzucato, Das Kapital des Staates: Eine andere Geschichte von Innovation und Wachstum, München 2014, Einleitung.

[43] Vgl. »The Silicon Six«, in: *Fairtaxmark*, Dezember 2019 https://fairtaxmark.net/wp-content/uploads/2019/12/Silicon-Six-Report- 5-12-19. pdf (zuletzt abgerufen am 06.01.2020).

[44] Vgl. »Amazon in its Prime« (Amazon auf dem Höhepunkt), Institute on Taxation and Economic Policy (ITEP), 13.02.2019, https://itep.org/amazon-in-its-prime-doubles-prots-pays-0-in-federal-incometaxes/ (zuletzt abgerufen am 06.01.2020).

[45] Vaughn: Karen Vaughn, Invisible Hand (Die unsichtbare Hand), London 1983, S.997 f.; Keynes: John Maynard Keynes, Das Ende des Laissez-Faire, München und Leipzig 1926, S.35.

[46] Siehe Universität Bamberg (Hrsg), »Präventives Retourenmanagement und Rücksendegebuehren – Neue Studienergebnisse«, in: *retourenforschung.de*, Pressemitteilung vom 11.02.2019, http://www.retourenforschung.de/info-praeventives-retouren-managementund-ruecksendegebuehren-neue-studienergebnisse.html (zuletzt abgerufen am 06.01.2020).

[47] Vgl. Henning Jauernig, Katja Braun, »Die Retourenrepublik«, in: *Spiegel*, 12.06.2019, https://www.spiegel.de/wirtschaft/soziales/amazonzalando-otto-die-retouren-republik-deutschland-a-1271975.html (zuletzt abgerufen am 06.01.2020).

[48] Die Rede finden Sie online unter https://teachingamericanhistory.org/library/document/reside-chat-on-the-new-deal/ (zuletzt abgerufen am 06. 01.2020).

[49] Thomas Beschorner, In schwindelerregender Gesellschaf, Hamburg 2019.

[50] Für den Marktanteil von Bio-Lebensmitteln siehe https://de.statista.com/statistik/daten/studie/360581/umfrage/marktanteil-von-bio lebensmitteln-in-deutschland/. Für den Anteil von Bio-Fleisch siehe https://www.fleischwirtschaft.de/wirtschaft/nachrichten/Bio-MarktDer-Umsatz-waechst-38580?crefresh=1 (zuletzt abgerufen am 06.01.2020).

[51] The Lancet Planetary Health (Hrsg.), »More than a Diet«, Februar 2019, Vol. 3, Iss. 2, https://www.thelancet.com/journals/lanplh/article/PIIS2542-5196%2819%2930023-3/fulltext (zuletzt abgerufen am 16.01.2020).

[52] Für die Lebensmittelausgaben siehe https://de.statista.com/statistik/ daten/studie/75719/umfrage/ausgaben-fuer-nahrungsmittel-indeutschland-seit-1900/; für die Veränderung der Wohnausgabe siehe https://makronom.de/wie-die-veraenderung-der-wohnausgaben-die-ungleichheit-erhoeht-hat-28291 (zuletzt abgerufen am 06. 01. 2020).

[53] Stefan Gössling, »Celebrities, air travel, and social norms« (Prominente, Luf verkehr und soziale Normen), in: *ScienceDirect*, Nr.79, November 2019, https://www.sciencedirect.com/science/article/abs/pii/S01607383 1930132X (zuletzt abgerufen am 06.01.2020).

[54] Der aktuelle Stand der sogenannten CO2-Uhr lässt sich hier prüfen: https://www. mcc-berlin.net/de/forschung/co2-budget. html (zuletzt abgerufen am 06.01.2020).

[55] Die Forbes-Liste finden Sie unter https://www.forbes. com/billionaires/ #36ccf2b9251c (zuletzt abgerufen am 06.01.2020).

[56] Vgl. die Ergebnisse der Studie in: Dan Ariely, »Americans Want to Live in a Much More Equal Country« (Amerikaner möchten in einem viel gleichberechtigteren Land leben), in: *The Atlantic*, 02.08.2018, https://www.theatlantic.com/business/archive/2012/08/americanswant-to-live-in-a-much-more-equal-country-they-just-dont-realizeit/260639/; http://danariely.com/2010/09/30/wealth-inequality/ (zuletzt abgerufen am 06.01.2020).

[57] Diese Zahlen stammen von dem Ökonomen und Ungleichheitsforscher Gabriel Zucman, zusammengefasst in: Pedro da Costa, »Wealth Inequality Is Way Worse Than You Think, And Tax Havens Play A Big Role«, in: *Forbes*, 12.02.2019, https://www.forbes.com/sites/pedro dacosta/2019/02/12/wealth-inequality-is-way-worse-than-you-thinkand-tax-havens-play-a-big-role/#1672b3ceeac8 (zuletzt abgerufen am 06.01.2020).

[58] Die deutsche Kurzfassung des Berichts findet sich unter https://wir2018.wid.world/ les/download/wir2018-summa-

ry-german.pdf (zuletzt abgerufen am 06.01.2020).

[59] Ebd.

[60] Vgl. die Darstellung bei Forbes unter https://www.forbes.com/sites/ pedrodacosta/2019/02/12/wealth-inequality-is-way-worse-thanyou-think-and-tax-havens-play-a-big-role/#1672b3ceeac8 (zuletzt abgerufen am 06. 01. 2020).

[61] Vgl. Mark Curtis, »Gated Development: Is the Gates Foundation Always a Force for Good?«, Global Justice Now (Hrsg.), Juni 2016, https://www.globaljustice.org.uk/sites/default/les/les/resources/gjn_gates_report_june_2016_web_nal_version_2.pdf. Eine deutsche Zusammenfassung der Studie nden Sie unter https://www. heise.de/tp/features/Bill-Gates-zwischen-Schein-und-Sein3378037.html (zuletzt abgerufen am 06. 01. 2020).

[62] Siehe Giridharadas' Vortrag vor dem Aspen Institute's Action Forum, 29. Juli 2015: Anand Giridharadas, »The Thriving World, the Wilting World, and You«, in: *Medium.com*, 01.08.2015, https://medium. com/@AnandWrites/the-thriving-world-the-wilting-world-andyou-209f c24ab90 (zuletzt abgerufen am 06.01.2020).

[63] Jef Cox, »CEOs see pay grow 1,000 % in the last 40 years, now make 278 times the average worker« (CEOs hatten in den letzten 40 Jahren einen Lohnanstieg um 1000%, sie

verdienen jetzt 278-mal so viel wie ein*e durchschnittliche*r Arbeitnehmer*in), in: *CBNC*, 16.08.2019 https://www.cnbc.com/2019/08/16/ceos-see-pay-grow-1000percentand-now-make-278-times-the-average-worker. html (zuletzt abgerufen am 06.01.2020).

[64] World Rescources Institute (Hrsg.), Cumulative CO2-Emissions 1850–2011 (% of World Total) (Kumulierte CO2-Emissionen 1850–2011 (% der Weltgesamtmenge), https://wriorg.s3.amazonaws.com/s3fs-public/uploads/historical_emissions. png (zuletzt abgerufen am 06.01.2020).

[65] Vgl. Helmholtz Zentrum für Umweltforschung (Hrsg.), »Kohlenstoffbilanz im tropischen Regenwald des Amazonas«, 08.11.2019, https://www.ufz.de/index. php?de= 36336&webc_pm= 48/2019 (zuletzt abgerufen am 06. 01. 2020).

[66] Claudia Krapp, »Waldbrände mit ›ungewöhnlichen‹ Folgen«, in: *Forschung und Lehre*, 15.10.2019. https://www.forschung-und-lehre.de/forschung/waldbraende-mit-ungewoehnlichen-folgen-2213/ (zuletzt abgerufen am 06. 01. 2020).

[67] Vgl. Philipp Henrich, »Exportmenge der führenden Exportländer von Rindfleisch weltweit in den Jahren 2015 bis 2020«, in: *Statista* 18.10.2019, https://de.statista.com/statistik/

daten/studie/245664/ umfrage/-fuehrende-exportlaender-von-rindf eisch-weltweit/ (zuletzt abgerufen am 06.01.2020).

[68] Vgl. »Infografiken Sojawelten: Die Zahlen«, in: *transgen*, letzte Aktualisierung 20.03.2019, https://www.transgen.de/lebensmittel/ 2626. soja-welt-zahlen. html (zuletzt abgerufen am 06.01.2020).

[69] Ha-Joon Chang, Kicking away the Ladder. Development Strategy in Historical Perspective, London 2002, S.129.

[70] Oliver Richters, Andreas Siemoneit, Marktwirtschaf reparieren, München 2019, S. 158.

[71] Daniel Marcovitz, »How Life Became an Endless, Terrible Competition« (Wie das Leben zu einem endlosen, schrecklichen Wettkampf wurde), in: *The Atlantic*, September 2019, https://www.theatlantic. com/magazine/archive/2019/09/meritocracys-miserable-winners/594760/(zuletzt abgerufen am 06.01.2020).

[72] Peter Barnes et al., »Creating an Earth Atmospheric Trust«, in: *Science*, Nr.319, 08.02.2008, S.724–726. Der Artikel ist kostenpflichtig einsehbar unter https://science.sciencemag.org/content/319/5864/724.2 (zuletzt abgerufen am 06.01.2020).

[73] Michael Sauga, »Forscher halten Systemwechsel für nötig«, in: *Spiegel*, 12.07.2019, https://www.spiegel.de/wirtschaft/

soziales/klimasteuerder-co2-preis-soll-nicht-die-staatskasse-fuellen-a-1276939.html (zuletzt abgerufen am 06.01.2020).

[74] Agora Energiewende und Agora Verkehrswende, »Die Kosten von unterlassenem Klimaschutz für den Bundeshaushalt 2018«, https:// www.stiftung-mercator.de/media/downloads/3_Publikationen/2018/Oktober/142_Nicht-ETS-Papier_WEB. pdf (zuletzt abgerufen am 06.01.2020).

引用说明

【序言引用】

Zitat Kapitel 1 – Einladung: Volker Hauf et al. (Hrsg.)., Unsere gemeinsame Zukunf: [der Brundtland-Bericht der Weltkommission für Umwelt und Entwicklung]. Barbara von Bechtolsheim (Übers.), Greven 1987, S. 302.

【第 1 章引用】

Zitat Kapitel 2 – Eine neue Realität: Rachel Carson in ihrer Dankesrede für den National Book Award 1952, vgl. American Chemical Society (Hrsg.), Legacy of Rachel Carson's Silent Spring, 26.10.2012, https:// www.acs.org/content/acs/en/education/whatischemistry/landmarks/ rachel-carson-silent-spring. html (zuletzt abgerufen am 16. 01. 2020).

【第 2 章引用】

Zitat Kapitel 3 – Natur und Leben: Joseph Stiglitz, »It's time to retiremetrics like GDP. They don't measure everything that matters«, in: The Guardian, 24.11.2019, https://www.theguardian.com/commentisfree/2019/nov/24/metrics-gdp-economic-performance-social-progress (zuletzt abgerufen am 16.01.2020).

【第 3 章引用】

Zitat Kapitel 4 – Mensch und Verhalten: Joseph A. Tainter, T e Collapse of Complex Societies, Cambridge 1988, S. 50.© Cambridge University Press 1988. Reproduced with permission of the Licensor through PLSclear.

【第 4 章引用】

Zitat Kapitel 5 – Wachstum und Entwicklung: John Robert McNeill zitiert in: Jeremy Lent, The Patterning Instinct, Amherst 2017, S. 398.

【第 5 章引用】

Zitat Kapitel 6 – Technologischer Fortschritt: Jeremy Lent, The Patterning Instinct, Amherst 2017, S. 378. © 2017 by Jeremy Lent. Reproduced with permission of the Licensor through PLSclear.

【第 6 章引用】

Zitat Kapitel 7 – Konsum: Der Humorist Robert Quillen beschrieb damit in seiner Zeitungskolumne den »Amerikanismus«. Robert Quillen, »Paragraphs«, in: The Detroit Free Press, 04.06.1928.

【第 7 章引用】

Zitat Kapitel 8 – Markt, Staat und Gemeingut: Eric Liu und Nick Hanauer, »Complexity Economics Shows Us Why Laissez-Faire Economics Always Fails«, in: Evonomics, 21.02.2016, https://evonomics.com/complexity-economics-shows-us-that-laissez-faire-fail-nickhanauer/ (zuletzt abgerufen am 21.01.2020).

【第 8 章引用】

Zitat Kapitel 9 – Gerechtigkeit: Anand Giridharadas in einem Vortrag vor dem Aspen Institute's Action Forum am 29.07.2015, vgl.: Anand Giridharadas, »The Thriving World, the Wilting World, and You«, in: Medium.com, 01.08.2015, https://medium.com/@AnandWrites/the thriving-world-the-wilting-world-and-you-209f c24ab90 (zuletzt abgerufen am 17.01.2020).

【第 9 章引用】

Zitat Kapitel 10 – Denken und Handeln: Maria Popova, »How We Spend Our Days Is How We Spend Our Lives: Annie Dillard on Choosing Presence Over Productivity«, in: Brainpickings, 07.06.13, https://www. brainpickings.org/2013/06/07/annie-dillard-the-writing-life-1/ (zuletzt abgerufen am 16.01.20).